Nagwa Abdelazeem

Síntese de sulfonamida por sulfonamidação catalisada por metal

Nagwa Abdelazeem

Síntese de sulfonamida por sulfonamidação catalisada por metal

& As aplicações recentes em química medicinal

ScienciaScripts

Imprint
Any brand names and product names mentioned in this book are subject to trademark, brand or patent protection and are trademarks or registered trademarks of their respective holders. The use of brand names, product names, common names, trade names, product descriptions etc. even without a particular marking in this work is in no way to be construed to mean that such names may be regarded as unrestricted in respect of trademark and brand protection legislation and could thus be used by anyone.

Cover image: www.ingimage.com

This book is a translation from the original published under ISBN 978-620-6-77106-7.

Publisher:
Sciencia Scripts
is a trademark of
Dodo Books Indian Ocean Ltd. and OmniScriptum S.R.L publishing group

120 High Road, East Finchley, London, N2 9ED, United Kingdom
Str. Armeneasca 28/1, office 1, Chisinau MD-2012, Republic of Moldova, Europe
Printed at: see last page
ISBN: 978-620-7-87841-3

Índice

Síntese de Sulfonamidas por sulfonamidação catalisada por metais e suas recentes aplicações em Química Medicinal

1-Introdução

As sulfonamidas têm aplicações comerciais como agentes antibióticos antibacterianos, uma vez que inibem a atividade da enzima dihidropteroato sintase (DHPS) [1] e impedem a síntese de ácido fólico (vitamina B9), que é um intermediário essencial para a vida das bactérias. Por isso, as sulfonamidas e os seus derivados são utilizados como medicamentos antibióticos [2]. Para além da sua utilização como agentes antibacterianos, vários derivados da sulfonamida demonstraram inibir uma vasta gama de enzimas, incluindo a serina protease [3-5], a ciclo-oxigenase [6-7], a metaloproteinase da matriz [7-10] e a anidrase carbónica [8-11]. Além disso, devido aos seus potenciais benefícios bem reconhecidos, foram encontradas várias utilizações terapêuticas para eles, incluindo hipoglicemia, diuréticos, quimioterapia do cancro e o medicamento anti-impotência Viagra [12, 13]. As suas actividades biológicas variadas como protease do VIH [14, 15] e como anticancerígeno [16] também têm atraído muita atenção. Recentemente, foram produzidas novas sulfonamidas, como o doriperiens, o antibiótico injetável vendido sob a marca Doribax [17]. A AZA (acetazolamida) e a MZA (meta-acetazoamidas), dois outros medicamentos de sulfonamida descobertos, são amplamente utilizados principalmente como medicamentos anti-glucoma e também para o tratamento de várias outras doenças [18-20]. Os compostos de ésteres de sulfonamida são bem conhecidos pela sua capacidade de suprimir o crescimento celular [21]. No mundo da medicina, as sulfonamidas mais recentes e os seus derivados estão também a ganhar popularidade [22, 23]. No entanto, quando tratados regularmente com antibióticos, os organismos causadores de doenças desenvolvem uma forte resistência que leva ao aparecimento de novas espécies devido a mutações. Devido às suas numerosas utilizações nos domínios da química medicinal e da ciência médica, os investigadores têm dado grande ênfase à síntese de novas sulfonamidas e seus derivados [24, 25]. A técnica mais útil e única para criar sulfonamidas é sulfonar aminas e álcoois [26] com uma base, como trietilamina, piridina ou hidróxidos ou carbonatos metálicos.

Alguns compostos sulfonamídicos significativos com importância económica que são utilizados como inibidores da anidrase carbónica [27]. Além disso, funcionam bem na colite ulcerosa [28], no tratamento da artrite reumatoide [29], no Viagra [30], na obesidade [31], em escaldões, na disfunção erétil masculina como o inibidor da fosfodiesterase-5 sildenafil, mais conhecido pelo seu nome comercial, e em infecções urinárias, intestinais e oculares. As sulfonamidas foram utilizadas mais recentemente como medicamento anticancerígeno [32], como inibidor antiviral da protease do VIH amprenavir [33] e no tratamento da doença de Alzheimer [34]. Após a descoberta da sulfanilamida, foram investigadas dezenas de combinações químicas diferentes; as moléculas com um anel heterocíclico em vez do grupo SO NH_{22} produziram os melhores resultados terapêuticos [35]. Até à data, foram criados mais de 20 000 derivados de sulfanilamida diferentes. Como resultado destas sínteses, foram descobertos novos compostos com várias características farmacológicas nesta estrutura central, R, R1 pode ser hidrogénio, alquilo, aril, heteroaril, etc. A lipofilicidade do grupo N1 tem o maior impacto na ligação às proteínas. Além disso, uma sulfonamida será frequentemente mais ligada às proteínas quanto mais solúvel em lípidos for [36]. Uma vez que qualquer alteração do grupo amino da anilina (N4) não resulta numa perda de atividade, este é crucial para a atividade [37]. Além disso, as sulfonamidas tornam-se inactivas quando o grupo p-amino é acilado, o anel de benzeno é substituído ou o grupo sulfonamida não está devidamente ligado ao anel de benzeno. De acordo com uma investigação mais sofisticada, as sulfonamidas modificadas têm uma atividade antibacteriana forte a moderada [38]. Quando se trata de bactérias Gram (-), as sulfonamidas alifáticas são mais eficazes do que as bactérias Gram (+) na sua ação antibacteriana, e este efeito diminui com o aumento do comprimento da cadeia de carbono [39]. As propriedades antimicrobianas também foram demonstradas por novas bis-sulfonamidas macrocíclicas [40].

2. Síntese da sulfonamida

Numerosas técnicas eficazes, como a ativação por CeH, a tecnologia baseada em fluxo, a síntese telescópica, a síntese catalisada por metais de transição, a síntese em fase sólida e muitas outras, foram desenvolvidas para a síntese de sulfonamida, reflectindo os seus papéis variados. A síntese de sulfonamida foi separada em duas categorias para facilitar a compreensão: (i) síntese sem metal de transição e (ii) síntese catalisada por metal de transição. Estas categorias foram ainda separadas com base nos tipos de reacções envolvidas em cada síntese.

2.1. Síntese de sulfonamidas sem metais de transição

A maioria dos métodos anteriores para sintetizar sulfonamidas incluía a reação nucleofílica de compostos amino com cloretos de sulfonilo quando uma base estava presente (eq. 1).

$$R-S(=O)_2-Cl + HN(R_1)(R_2) \xrightarrow{\text{Base}} R-S(=O)_2-N(R_1)(R_2) + HCl$$

eq. 1.

O aduto sulfonamida-vitamina C, um novo dopante, foi criado em duas etapas. Primeiro, $NaNO_2$ /HCl diazotizou a sulfonamida (1) para criar o sal de sulfonamidediazónio (2). Em seguida, a reação entre o excesso (2,5 equiv.) de vitamina C e o sal de diazónio (2) resultou na produção do aduto de ácido L-ascórbico (3) com um rendimento comparativamente elevado (95%), conforme ilustrado no Esquema **1**. Estas reacções cromatográficas são simples, rápidas e gratuitas [41].

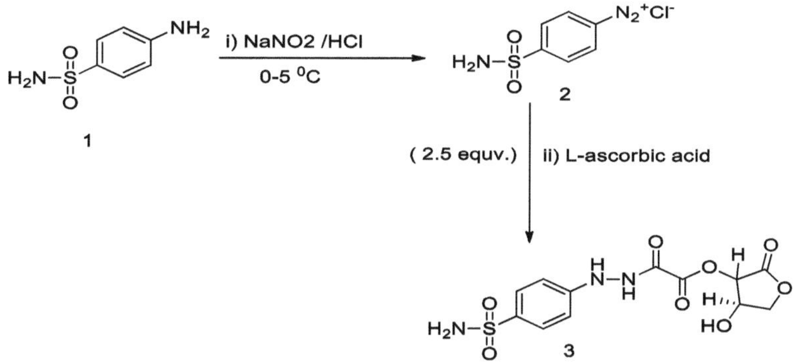

Scheme **1** Synthesis of L-ascorbic acid adduct (3)

Um dos temas químicos mais significativos, tanto em agroquímicos como em produtos farmacêuticos, são as sulfonamidas. Mas não existe um mecanismo para adicionar o grupo sulfonamida a uma molécula aromática que não seja pré-funcionalizada diretamente. Com o uso do intermediário amidosulfinato, utilizamos a reatividade intrínseca de (hetero) arenos em uma reação altamente convergente com SO_2 e aminas para oferecer a primeira metodologia eletroquímica desidrogenativa de produção de sulfonamidas. Para além de ser um eletrólito de apoio, o amidossulfinato funciona também como reagente. A reação é iniciada pela oxidação anódica direta do composto aromático, a que se segue o ataque nucleofílico do amidosulfinato. A síntese selectiva de sulfonamidas do Esquema **2** é possível graças à mistura de solventes HFIP-MeCN e aos eléctrodos de diamante dopado com boro (BDD) [42].

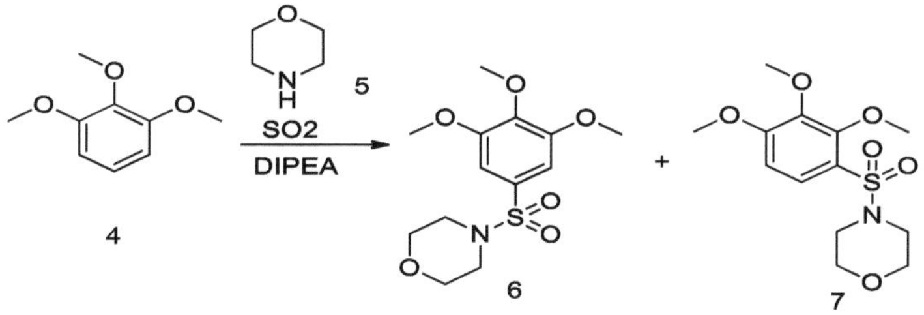

Scheme **2** the electrochemical synthesis of sulfonamides

Juntamente com os seus complexos de Cu (II), Co (II) e Zn (II) do tipo $MLCl_2$, foi produzido o novo ligando de sulfonamida aromática N-[(E)-piridina-3-ilmetilideno]benzenossulfonamida (PMBS). Em primeiro lugar, o ligando foi preparado misturando uma solução metanólica de 0,02 moles de benzeno sulfonamida (9) à temperatura ambiente com piridina-3-carbaldeído (8) dissolvido em metanol. Após dois minutos, o produto (10) tornou-se visível. A reação foi observada por TLC. O esquema **3** [43] descreve como o precipitado foi separado utilizando um cadinho de vidro sinterizado, limpo com diclorometano e depois seco num forno a vácuo.

Scheme **3** preparation of PMBS

O seguinte procedimento geral foi utilizado para preparar os complexos (12). O cloreto de metal (II) equivalente (11) foi dissolvido num volume mínimo de etanol seco, utilizando 0,01 moles. Após uma hora de agitação com 2, 2-dimetoxipropano, foi adicionada uma solução etanólica de ligando (0,01 mol) para eliminar a humidade. Durante uma hora, a mistura foi misturada. O solvente foi evaporado sob vácuo para separar os cristais. O diclorometano foi utilizado para o processo de recristalização. O esquema **4** descreve o método geral de síntese [43].

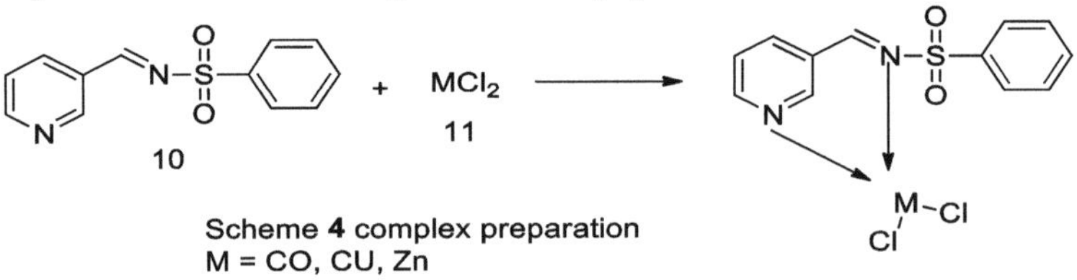

Scheme **4** complex preparation
M = CO, CU, Zn

A N-{4-[(5-metil-1, 2-oxazol-3-il)sulfamoil] fenil}benzamida (16) pretendida é produzida em 84% de rendimento pelo sulfametoxazol (14) e em 89% de rendimento pelo esquema de síntese por micro-ondas **5** [44] ao reagir com cloreto de benzoílo (13) em piridina com refluxo.

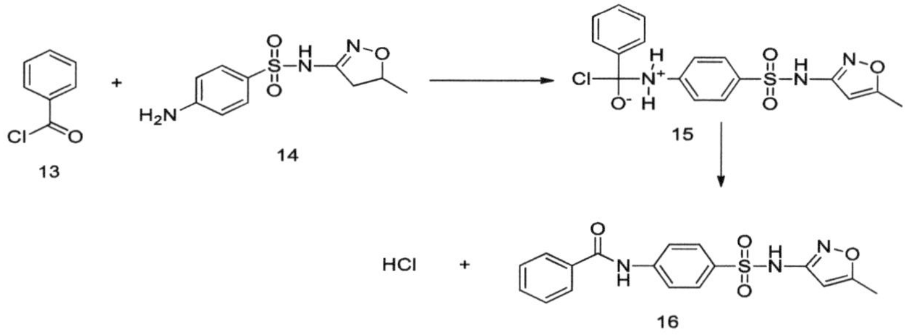

Scheme 5 synthesis of N-{4-[(5-methyl-1,2-oxazol-3-yl)sulfamoyl] phenyl}benzamide

Com 50% de rendimento e 82% de rendimento, respetivamente, através do esquema de síntese por micro-ondas **6** [44], a sulfanilamida (17) e o cloreto de benzoílo (13) reagem em NaOH enquanto se agita para produzir a N-{[4 (benzoilamino)fenil]sulfonil}benzamida (19) necessária.

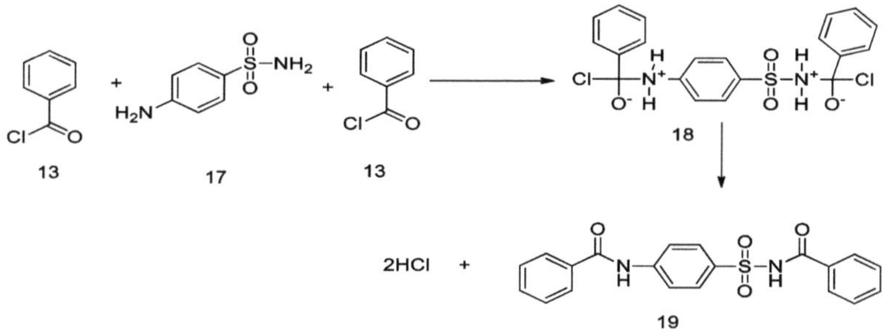

Scheme 6 synthesis of N-{[4 (benzoylamino)phenyl]sulfonyl}benzamide

2.2. Síntese de sulfonamidas catalisada por metais de transição

Mesmo assim, muito trabalho tem sido feito para criar novas sulfonamidas usando síntese sem metal, que usa sais de sulfato como intermediários ou reage compostos de amino com cloretos de sulfonilo. Infelizmente, os processos utilizados para sintetizar cloretos de sulfonilo - tais como a cloração oxidativa de organossulfureto e a substituição aromática electrofílica com ácido clorossulfónico - sofrem frequentemente de condições de reação severas, uma gama estreita de aplicabilidade e a necessidade de substratos funcionalizados potencialmente perigosos, como halogenetos de arilo ou ácidos borónicos de arilo. No entanto, até Willis ter publicado inicialmente um estudo inovador sobre uma aminossulfonilação direta de halogenetos de arilo na presença de um catalisador de paládio em 2010 [45], a investigação neste domínio estava severamente limitada.

2.2.1. Síntese de sulfonamidas catalisada por Cu

Em condições de reação moderadas, o CuBr/N-halosuccinimida (NBS ou NCS) facilita a amidação de C (sp3)-H saturados para criar as amidas correspondentes através da ativação da ligação C-H. Utilizando oxidantes facilmente acessíveis, o esquema **7** e o sistema catalítico converteram uma gama de ligações C (sp3)-H benzílicas nas amidas ou sulfonamidas correspondentes com rendimentos moderados a bons [46].

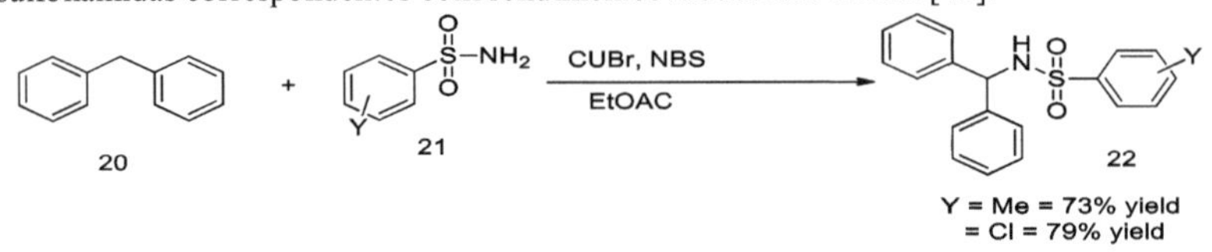

20 + 21 —CUBr, NBS / EtOAC→ 22

Y = Me = 73% yield
= Cl = 79% yield

Scheme **7** CuBr/N-halosuccinimide (NBS or NCS) promotes synthesis of amides and sulfonamides using N-halosuccinamide as an oxidant

Embora se tenha verificado que o acoplamento de segunda fase do tipo Ullmann-Goldberg funciona melhor com iodeto de cobre(I) e DMEDA, foi efectuada uma seleção de ácidos de Lewis para encontrar o melhor ativador do NIS na primeira fase. Encontrar um ácido de Lewis que funcionasse com a segunda etapa também foi crucial. $AlCl_3$ e $FeCl_3$, dois catalisadores comuns de substituição aromática electrofílica, foram avaliados nos primeiros ensaios. O acoplamento catalisado por Cu (I) foi efectuado após as etapas de iodação terem sido consideradas concluídas, produzindo (24) em 59% e 69% de rendimento, respetivamente. O procedimento em duas fases foi globalmente bem sucedido, mas os tempos de reação de iodação foram considerados demasiado longos para um anião ativado. Por conseguinte, foram tidos em consideração outros catalisadores de ácido de Lewis. Em seguida, investigou-se a triflimida de ferro (III), um superácido de Lewis que é produzido in situ a partir de $FeCl_3$ e do líquido iónico [BMIM] NTf_2 disponível no mercado. Neste caso, o processo de iodação demorou quatro horas a terminar e produziu vinte e quatro num rendimento de 86%. Também foi possível uma etapa de iodação mais rápida com triflimida de prata (I), um ácido de Lewis mais suave e mais seletivo que produziu um rendimento global inferior de 69%. Por último, foi estudado o triflato de índio (III); no entanto, após um período de reação de 24 horas, o esquema **8** não produziu qualquer produto de iodação [47].

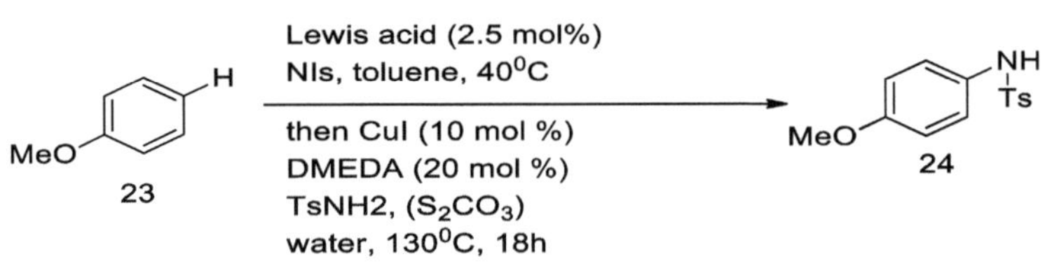

23 → 24

Lewis acid (2.5 mol%)
NIs, toluene, 40⁰C
then CuI (10 mol %)
DMEDA (20 mol %)
TsNH2, (S_2CO_3)
water, 130⁰C, 18h

Scheme **8** Coupling of Anisole (23) with p-Toluene sulfonamide

O nitrobenzeno (25) e o ácido 4-fluorobenzeneborónico (26) foram inicialmente escolhidos como substratos modelo para o desenvolvimento da reação. As condições padrão foram criadas depois de as condições de reação terem sido cuidadosamente optimizadas. Utilizando Cu $(MeCN)_4$ PF_6 como catalisador e 1,10-fenantrolina como ligando, o produto correspondente da 4-fluoro-N-fenilbenzenossulfonamida (27) foi produzido e extraído com 77% de rendimento. Sem a inclusão de um catalisador de cobre, a reação não poderia continuar. Uma vez que o aumento ou a redução da dosagem do ligando pode reduzir a eficácia da reação, deve notar-se que a quantidade de carga do ligando foi metade da do catalisador de cobre. Além disso, uma menor carga de catalisador teve resultados inferiores. A adição de Cu $(MeCN)_4$ PF_6 produziu o melhor resultado durante a análise dos efeitos de vários catalisadores de cobre, enquanto as reacções com outros catalisadores de cobre apresentaram rendimentos inferiores. Além disso, como o isopropanol é barato e simples de separar utilizando o esquema **9**, foi utilizado como redutor na reação de acoplamento [48].

$K_2S_2O_5$ Ph —NO_2 25 + p-FC_6H_4 —$B(OH)_2$ 26 → Cu $(MeCN)_4$ PF6 (20 mol %), 1,10- Phenanthroline (10 mol %), PrOH (2.0 equiv), NMP, 70^0C, 48h → 27

Scheme **9** Synthesis of 4-fluoro-N-phenylbenzenesulfonamide (27)

Os substratos modelo originais, a 2-borobenzenossulfonamida e o cloridrato de butiramidina, foram seleccionados para otimizar as condições de reação, incluindo catalisadores, bases e solventes sob uma atmosfera de azoto. O CuI foi utilizado como catalisador, o Cs_2 CO_3 como base e o DMF como solvente numa investigação sobre a temperatura de reação numa atmosfera de azoto. O rendimento do produto alvo aumentou a $110\,^0$ C. Depois de testar três catalisadores de cobre a 110^0 C, o CuBr teve a maior atividade. A utilização de prolina como ligando produziu o mesmo rendimento para a reação. Após a seleção de várias bases, incluindo Cs_2 CO_3 , K_3 PO_4 , e K_2 CO_3 , verificou-se que Cs_2 CO_3 era a mais eficiente. A melhor opção foi o DMF, depois de também se ter examinado o efeito dos solventes. Em seguida, utilizando as condições catalíticas óptimas acima determinadas, examinámos a gama de acoplamentos catalisados por cobre das 2-halobenzenossulfon-amidas substituídas com cloridratos de amidina. Os substratos sob investigação produziram rendimentos bons a excepcionais. Os substituintes retiradores de electrões e os doadores de electrões não tiveram efeitos perceptíveis na atividade catalítica das 2-halobenzenossulfonamidas modificadas. A 2, 5-dibromobenzenossulfonamida só reagiu com amidinas na ligação C-Br do sítio orto do grupo sulfonamida; a ligação C-Br do sítio 5 permaneceu intacta. Esta descoberta demonstrou o efeito orto-substituinte do grupo sulfonamida durante o esquema de N-arilação **10** [49].

28 + 29 ($HN{=}$ $NH_2{\cdot}HCl$) → Cat., base, Solvent, temp. → 30

Scheme **10** Copper-Catalyzed coupling of 2-bromobenzensulfonamide with butyramidine hydrochloride

Um carboxilato de Cu (II) fotoactivo é produzido quando um carboxilato de arilo sintetizado in situ reage com um catalisador de Cu (II). Este composto pode sofrer LMCT após irradiação, resultando na homólise da ligação Cu-O e produzindo um radical aroyloxy e uma espécie de Cu (I) diminuída. Especulamos que estas duas espécies podem recombinar-se, reduzindo as vias de reação bimoleculares competitivas e prejudiciais e repondo o complexo de carboxilato de Cu (II) no estado fundamental. Também é possível descarboxilar o radical aroyloxy para produzir o radical aril necessário. Após a captura do radical pelo SO_2 , seria produzido um radical arilsulfonilo e seria forjada a ligação C (sp2) -S necessária. Sugerimos que os produtos de halogeneto de arilsulfonilo necessários possam ser obtidos através da reação deste radical centrado no enxofre com outros reagentes de halogenação electrofílicos (32). O Cu (I) pode finalmente ser oxidado a Cu (II) por um oxidante de eletrão único adequado, o que fecha o esquema do ciclo catalítico **11** [50].

COOH
F
31
[CU (MeCN)$_4$ BF$_4$ (20 mol%)
SO_2 (2 equiv), $LiBF_4$ (1.2 equiv)
NFTPT (1 equiv), DCDMH (1equiv)
365 nm LEDS
MeCN (0.1M), rt, 12h
SO_2Cl
F
32

Scheme **11** LMCT Decarboxylative Chlorosulfonylation and one pot sulfonamide formation

A sulfonilação de aminas (34) na presença de esponja marinha ou nano-CuO como catalisador natural produz derivados de sulfonamida (35) com facilidade. O esquema **12** mostra como as aminas e os cloretos de sulfonilo (33) se combinam para produzir sulfonamidas. A P-anisidina foi utilizada como substrato modelo para determinar o estado ótimo de sulfonilação.

À temperatura ambiente, foi tratado com 2 mmol de cloreto de p-clorobenzeno sulfonilo juntamente com 0,1 g de esponja marinha/nano-CuO em pó numa variedade de solventes. Descobriu-se que as reacções em THF, CH_2 Cl_2 , $CHCl_3$ e EtOAc eram menos eficientes. Em seguida, o cloreto de p-cloro sulfonilo foi utilizado para sulfonilar a p-anisidina na presença do solvente CH_3 CN, resultando num rendimento de 93%. Foram utilizados diferentes catalisadores durante a sulfonação à temperatura ambiente de p-anisidina equimolar 1:1 com cloreto de p-clorobenzeno sulfonilo, a fim de determinar o catalisador mais eficiente para a sulfonilação. O catalisador mais eficaz foi descoberto como sendo a esponja marinha/nano-CuO, com base nos resultados. Foram criados vários derivados de sulfonamida através da reação de várias aminas com cloreto de sulfonilo de p-clorobenzeno na presença de esponja marinha e nano-CuO em CH_3 CN. Foram obtidos excelentes rendimentos de aminas aromáticas por sulfonilação à temperatura ambiente utilizando o solvente CH_3 CN. A reatividade das aminas aromáticas com um grupo doador de electrões é semelhante à das aminas com um grupo retirador de electrões, que é consideravelmente inferior. Foram obtidos excelentes rendimentos na sulfonilação de aminas alifáticas em condições idênticas ao esquema **12** [51].

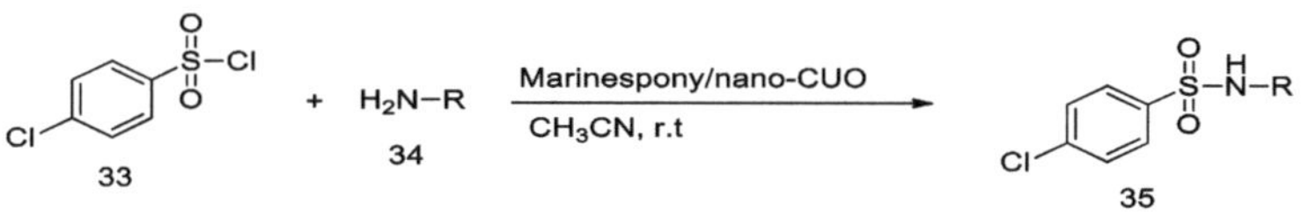

Scheme **12** Sulfonylation of amines in the presence of marine sponge/nano-CUO

O composto (37) foi tratado com cloreto de p-toluenossulfonilo (TsCl) na presença de trifluorometanossulfonato de cobre (Cu $(OTf)_2$ /(R,R)-PhBOX e carbonato de sódio em acetonitrilo, numa primeira tentativa de otimizar a dessimetrização enantioselectiva do glicerol. Felizmente, 83% do glicerol monotosilado necessário foi produzido com um rendimento de 91%. O rendimento e a enantioselectividade diminuíram quando foram utilizados outros sais de carbonato, como o carbonato de potássio e de césio. Para a transformação atual, as bases orgânicas não eram adequadas. Posteriormente, a atividade catalítica neste sistema de reação foi avaliada através da análise de outros catalisadores de cobre. O CuBr e o CuI apresentaram uma reatividade semelhante à do Cu $(OTf)_2$, no entanto o CuCl produziu (37) com um rendimento e uma enantioselectividade significativamente reduzidos. Utilização de Cu (OTf)2. O CuCN foi utilizado para produzir (37) com um rendimento de 83% e uma melhor enantiosselectividade. A concentração da reação pode ser aumentada sem causar alterações apreciáveis no rendimento ou na enantiosselectividade. Felizmente, a acetona provou ser uma seleção de solvente superior em termos de rendimento e enantiosselectividade (96% de rendimento, 94%), e uma concentração de 0,25M foi determinada como sendo apropriada para a reação atual. Foi possível reduzir a carga do catalisador para 5 mol% sem diminuir significativamente o rendimento ou a enantiosselectividade. Também analisámos a viabilidade de preparar (37) à escala de um grama. O produto pretendido (37) em 88% de rendimento (1,30 g) com 93% foi produzido com sucesso pela reação com 6,0 mmol de glicerol. Estudos de controlo demonstraram que, para facilitar a tosilação do esquema **13** (36), eram necessários o ligando BOX e o sal de cobre [52].

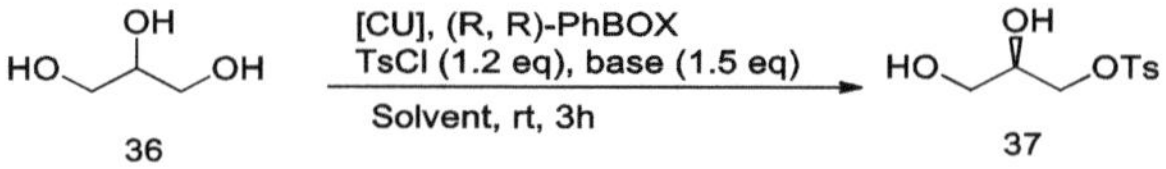

Scheme **13** the enantioselective desymmetrization of glycerol

Este esquema descreve a mono-N-piridilação direta e selectiva do trans-(R, R)-ciclohexano-1, 2-diamina. O desenvolvimento de várias sulfonamidas/2-aminoDMAPs como organocatalisadores ácido/base bifuncionais (maioritariamente em duas etapas) foi possível graças à preparação fácil de um novo catalisador quiral 2-aminoDMAP/Sulfonamidascore através da catálise de Cu. Demonstrou-se que estes promovem muito eficazmente a adição conjugada assimétrica de acetilacetona a trans-β-nitroolefinas com rendimentos bons a excelentes (87-93%) e enantioselectividades (até 99%) esquema **14** [53].

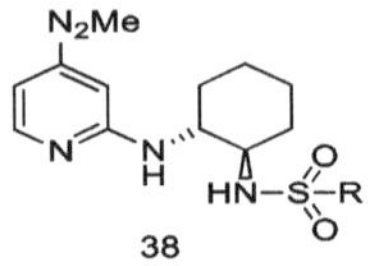

Scheme **14** Preparation of a novel chiral 2-aminoDMAP/ Sulfonamidescore

2.2.2. Síntese de sulfonamidas catalisada por Pd

Utilizando o composto (39) como modelo de substrato para a reação de adição assimétrica catalisada por paládio, foi desenvolvido um método eficaz para sintetizar sulfonamidas cíclicas quirais de sete membros através da adição assimétrica catalisada por Pd de ácidos arilborónicos a N-sulfonil aldiminas e cetinas cíclicas deformadas, com rendimentos excelentes e até 99% ee. São apresentados os resultados da otimização das condições de reação. Para nossa alegria, a adição de ácido fenilborónico (40) ao substrato (39) foi fácil em diclorometano a 40 °C quando utilizámos piridina-oxazolina como ligando quiral e Pd (CF_3 CO $)_{22}$ como precursor metálico. Isto resultou nas ε-sultams cíclicas quirais esperadas (41) com 62% de rendimento e 71% de ee. De seguida, foram investigados exaustivamente vários solventes. Apenas o trifluoroetanol (TFE) mostrou uma reatividade excecional; a reação quase terminou em 24 horas com 93% de rendimento isolado, apesar de se poderem obter enantioselectividades moderadas na maioria dos solventes. A promoção efectiva pelo TFE das fases de transmetalação e protonação do ciclo catalítico é muito provavelmente a causa deste impacto do solvente. Depois disso, vários ligandos quirais foram investigados em TFE. Com 99% de rendimento e 81% de ee no esquema **15**, o ligando bipiridina quiral criado pelo grupo Zhou revelou-se vantajoso para este procedimento [54].

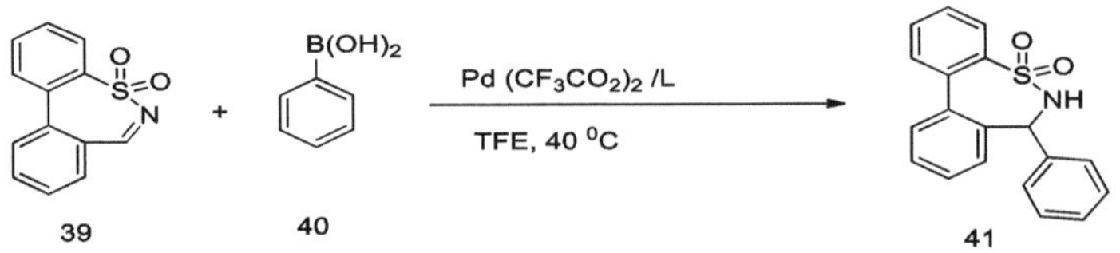

Scheme **15** synthesis of chiral cyclic sultams

A 2-iodoanilina (42), disponível no mercado, bem como o acetato de metilo (clorossulfonilo) (43), foram utilizados para preparar o 2-[N-(2-iodofenil)sulfamoil]acetato de metilo (44). Foi feita uma tentativa de ciclizar (44) utilizando um dos cocktails de pré-catalisadores reconhecidos ($Pd(OAc)_2$, Ph_3 P, NaH em dioxano), mas quase não resultou no produto (45) esquema **16** [55].

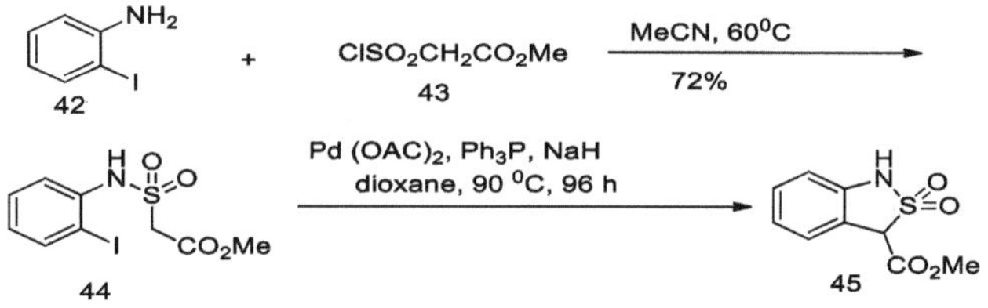

Scheme **16** Pd-catalyzed cyclization of (2-iodophenyl)sulfonamides

O primeiro passo para determinar se a abordagem de ativação sugerida é viável foi analisar a propensão da silsulfonamida (46) para a alilação catalisada por Pd. Foram demonstradas reacções de alilação de sulfonamidas catalisadas por Pd; a reatividade das acilsulfonamidas ainda não foi investigada. Esperávamos que fossem óptimos substratos com base na sua acidez e deslocalização. De facto, a 46 foi submetida a alilação em alto rendimento (95%) no esquema **17** [56] quando foi tratada com carbonato de alilo etilo na presença de uma quantidade catalítica de paládio tetrakistrifenilfosfina (Pd (PPh $)_{34}$).

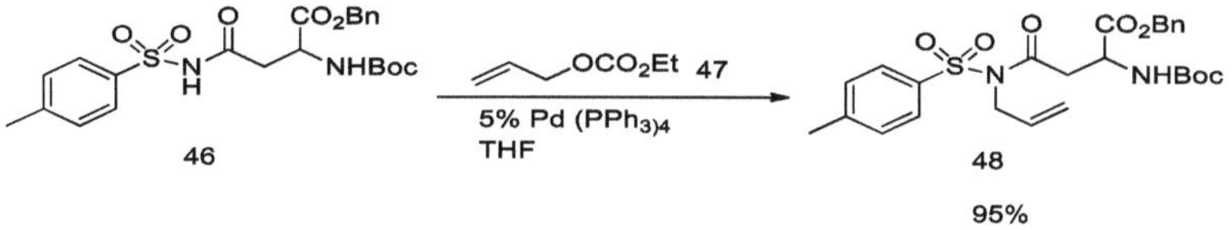

Scheme **17** Pd-catalyzed allylation of tosylsulfonamide with allyl ethyl carbonate

Os halogenetos ou pseudohalogenetos de alquenilo foram escolhidos como materiais de partida em vez de ácidos alquenil borónicos ou reagentes organometálicos pré-fabricados, tendo em conta a disponibilidade de substrato. Utilizámos o iodeto de cicloheptenilo como substrato de teste e começámos com as mesmas condições que no nosso estudo anterior para a sulfinação de iodetos de arilo seguida de fluoração electrofílica utilizando NFSI. Nestas circunstâncias, o rendimento do fluoreto de ciclo-heptenilsulfonilo (53) foi de apenas 17%. O iodeto de alquenilo (49) foi completamente consumido e o alquenilsulfinato (52) foi produzido na primeira hora da reação, com a concentração de (52) a diminuir gradualmente, de acordo com a monitorização da reação. Foi também demonstrado que um tempo de reação mais longo para o passo de fluoração reduziu o rendimento do fluoreto de alquenilsulfonilo (53). Partimos da hipótese de que, nestas condições de reação, o alquenilsulfinato e o fluoreto de alquenilsulfonilo estavam a decompor-se devido ao excesso de base e de solvente alcoólico utilizados. O rendimento foi aumentado para 56% reduzindo os tempos de reação de ambas as fases para uma hora e mudando o solvente utilizado para a fluoração para CH_3 CN. Em seguida, foram estudados substratos com vários grupos de saída; utilizando $PdCl_2$ $(AmPhos)_2$ como catalisador, o triflato de alquenilo (51) e o brometo de alquenilo produziram rendimentos comparáveis. Uma vez que os triflatos de alquenilo são facilmente preparados a partir das cetonas equivalentes de acesso comum, foram seleccionados para investigação adicional. O esquema **18**[57], de rendimento mais elevado (70%), foi obtido após a avaliação de vários solventes para o processo de fluoração com acetato de etilo.

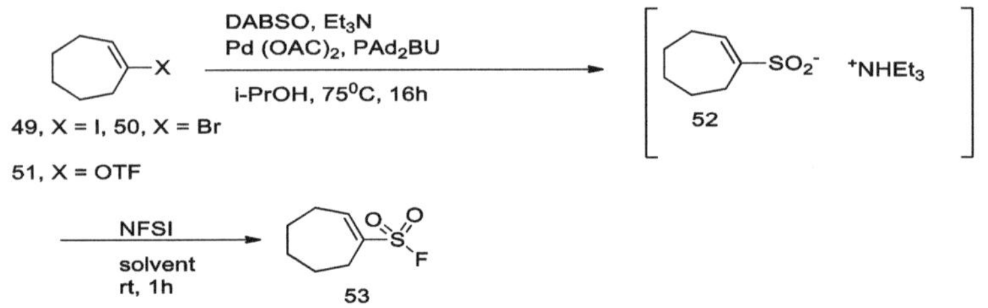

Scheme **18** Pd-catalyzed synthesis

Mesmo com temperaturas de reação elevadas e tempos de reação longos, não se formou qualquer produto desejado quando 5 mol% de Pd $(OAc)_2$ e 5 mol% de $CuBr_2$, ácido 4-terc-butilfenilborónico e O-benzoil N-hidroxilmorfolina foram adicionados diretamente à mistura de reação em 1,2-dicloroetano (DCE). Após uma análise minuciosa (ver a Informação de Apoio), descobrimos que o produto sulfonamida (56) podia ser extraído com um rendimento de 34% quando o $Pd(OAc)_2$ foi utilizado como catalisador na sulfinilação de (54) com DABSO e TBAB (1,0 equiv.) em DCE a 80^0 C durante 5 h, após o que foram adicionados Na_2 CO_3 , 5 mol% $CuBr_2$ e (55). O rendimento não foi comprometido pelo arrefecimento da temperatura até à temperatura ambiente na etapa subsequente ao processo de sulfinilação. Quando se utilizou THF ou tolueno, não se encontrou qualquer produto, e outros solventes, como o dioxano ou o DMF, produziram rendimentos inferiores. O rendimento foi notavelmente aumentado para 73% quando se utilizou MeOH no esquema **19** [58].

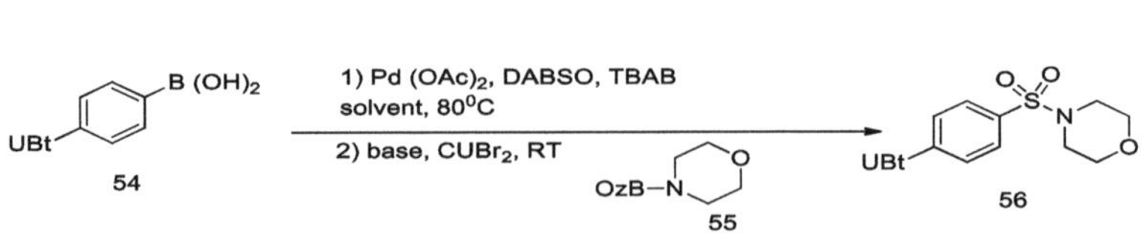

Scheme **19** one-pot Bimetallic Pd/CU-catalyzed synthesis of sulfonamides

Investigação utilizando um intermediário de cloreto de sulfamoílo comercializado (57), que seria produzido a partir de morfolina e SO_2 Cl_2 , conforme planeado com base nos nossos pressupostos. Os resultados demonstraram que, quando foram introduzidos ligandos fosfínicos convencionais na reação, o acoplamento direto Suzuki-Miyaura do intermediário cloreto de sulfamoilo (57) e do ácido 2-naftalenoborónico (58) resultou principalmente na criação de um subproduto e o produto pretendido (59) foi gerado em quantidades reduzidas. Sabe-se que a adição oxidativa de Pd (0) ao eletrófilo é reforçada por um ligando rico em electrões, enquanto o processo de eliminação redutora é facilitado pelo componente volumoso. Como previsto, a utilização de tris-(2, 6-dimetoxifenil) fosfina volumosa e rica em electrões como ligando aumentou significativamente o rendimento do produto (59). Além disso, ao empregar uma combinação de THF e MeCN como esquema de co-solvente **20**, a reação pode continuar mais eficazmente [59].

57 + 58 → 59: Pd (OAC)$_2$ (10 mol %), Ligand (20 mol %), Na_2SO_3, Solvent, 70 ^{0}C, 16 h

Scheme 20 Early investigations using morpholine-4-sulfonyl chloride as the starting material

A síntese enantioselectiva da arilglicina (63) em circunstâncias modificadas da reação racémica de Petasis, sem catalisador, deu-nos esperança apesar destas discrepâncias. Assim, iniciámos uma investigação mais abrangente sobre a função dos solventes e aditivos na reação enantioselectiva, catalisada por paládio, de três componentes, envolvendo o ácido fenilborónico (61), o ácido glioxílico mono-hidratado (62) e a sulfonamida (60). Foi possível determinar rapidamente que o resultado da reação era muito influenciado por quantidades mínimas de água. Uma remoção completa da humidade ambiente e uma reação com nitrometano pré-seco produziram arilglicina (63) num rendimento isolado de 57% com um e. r. de 57:43. O aumento do teor de água de 1,0 para 5,0 equivalentes resultou num aumento significativo da enantioselectividade, mantendo os rendimentos de isolamento estáveis. Os rendimentos e as enantiosselectividades diminuíram à medida que o teor de água aumentou ainda mais. Foi obtido um rendimento inferior de 34%, mas com uma enantiosselectividade extremamente boa, utilizando uma solução aquosa de ácido glioxílico disponível no mercado (50% em peso; equivalente a 6,6 equivalentes de água) para produzir arilglicina (63). A água pode ser um fator chave na libertação do ácido borónico livre, que é um intermediário essencial para o processo catalisado por paládio, uma vez que os ácidos arilborónicos podem conter diferentes quantidades das boroxinas correspondentes (Schrapel e Peters, 2015). De facto, o produto arilglicina (63) com uma razão enantiomérica de 64:36 e um rendimento de 34% foi obtido a partir da reação com trifenilboroxina. No entanto, é necessário ter em conta que, ao longo da reação, são produzidos até dois equivalentes de água no sistema reacional (um a partir do hidrato de ácido glioxílico que é empregue e outro a partir da condensação do ácido glioxílico utilizando o esquema da sulfonamida **21**[60].

60 + 61 + 62 → 63
H_2O; Pd $(TFA)_2$; S, S` - iPr BOX; $MeNO_2$; 40 ^0C, 16h
63: 55 - 65 %, 90:10 e.r.

Scheme **21** enantioselective formation of a-arylglycine.

O tratamento com Et_3 N, iPrOH, $Pd(OAc)_2$, DABSO, CataCXium A (PAd_2 Bu), e 1-iodonaftaleno (64); agitado a 75 °C durante 16 horas produziu fluoreto de sulfonilo (65) com um rendimento de 72% após 2 horas, quando se adicionou Select fluor e MeCN. Em seguida, realizámos estudos de otimização para determinar o reagente ideal para a fluoração electrofílica. Para este fim, foram examinados vários reagentes fluorados amplamente utilizados, obtendo-se rendimentos de 65 semelhantes aos do Select fluor. No final, o Select fluor foi selecionado em vez dos outros reagentes devido ao seu custo, maior disponibilidade comercial e facilidade de manuseamento. Utilizámos as condições de reação anteriormente descritas para uma gama de iodetos de arilo, numa tentativa de demonstrar a ampla aplicabilidade do sistema. A nossa investigação mostrou que, no esquema **22,** tanto os iodetos de arilo doadores de electrões como os que retiram electrões são convertidos no fluoreto de sulfonilo correspondente [61].

64 → 65
1) Pd $(OAC)_2$, DABSO, Et_3N, PAd_2BU iPrOH, 75 ^0C, 16h
2) F^+ source (2 equiv), MeCN, 230C, 2h

Scheme **22** synthesis of sulfonyl fluoride

Numerosos N-arilsulfonilpirróis modificados foram sistematicamente estudados para o seu acoplamento oxidativo intramolecular, o que produziu uma gama de benzosultamas fundidas com pirrolo (67) com boa seletividade em todas as regiões. O N-arilsulfonilpirrol (66), que possui um grupo 3-bromo sensível, foi tolerado nesta abordagem; no entanto, a eficiência da reação foi reduzida. As benzosultanas fundidas com pirrol revelaram-se mais difíceis de abrir os anéis do que as benzosultanas fundidas com indol, e a adição de um grupo retirador de electrões na posição C-2 pode aumentar consideravelmente a eficiência da reação. Tem sido feita investigação sobre a diversificação tardia das benzosultams fundidas com pirrolo, num esforço para aumentar a utilidade sintética desta abordagem. A benzosultama fundida com pirrolo foi submetida a uma reação de acoplamento Suzuki suave com arilboratos, obtendo-se um rendimento de 70% do produto ligado ao fluoreno (70). Em diclorometano, os espectros de absorção e de fotoluminescência do (70) revelaram uma emissão máxima a 456 nm e uma absorção a 321 nm, respetivamente. Este produto tem um enorme potencial para utilização em dispositivos orgânicos emissores de luz (OLEDs) esquema **23** [62].

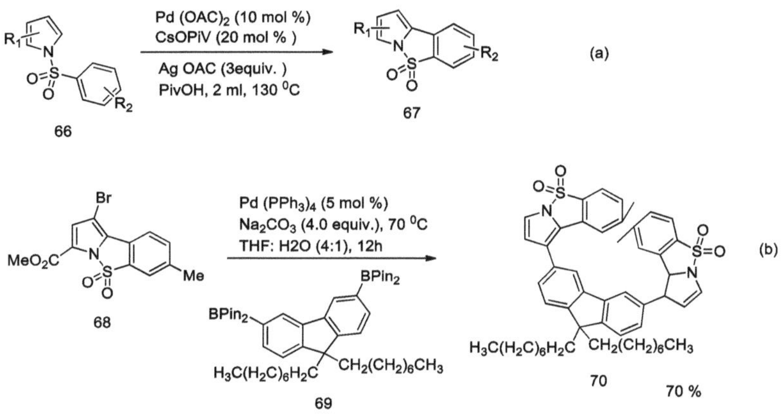

Scheme **23** **(a)** Palladium-Catalyzed synthesis of pyrrole-fused benzosultams; (b) synthetic transformation.

Foi estudado como preparar sulfonamidas secundárias e terciárias a partir de aril nonafluorobutanossulfonatos por sulfonamidação catalisada por catalisador metálico Pd [70]. O tris(dibenzilidenoacetona)dipaládio [Pd_2 $(dba)_3$] e o ligando binário de fosfina, t-BuXPhOS, foram utilizados como catalisadores altamente activos, e descobriu-se que K_3 PO_4 em álcool tert-amílico (TAA) era a melhor combinação de solvente de base para a reação. Estas combinações foram consideradas as melhores condições de reação para a N-arilação. Embora a instabilidade dos nonaflatos de arilo di-substituídos constitua um inconveniente significativo, o esquema do procedimento, **que abrange** um vasto leque de substratos, é uma vantagem [63].

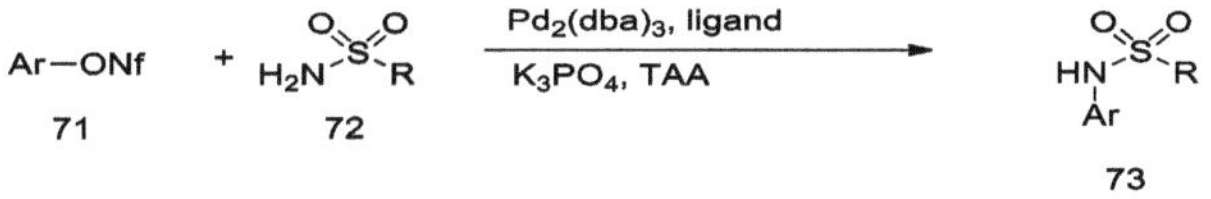

Scheme **24 Pd catalyzed synthesis of sulfonamide**

2.2.3. Síntese de sulfonamidas catalisada por Rh

Devido à sua excecional tolerância ao grupo funcional e forte atividade catalítica, o catalisador Rh para a funcionalização de CeH também tem suscitado interesse. Su et al. desenvolveram uma nova técnica catalisada por Rh (III) para a amidação da ligação CeH orto-sp2 dirigida por Nchelator em 2013.

Avaliação da viabilidade da adição do ácido 4-(metiltio) fenil) borónico (75) assimetricamente como 1,4-conjugado ao fluoreto de (E)-2-feniletenossulfonilo (74). Para obter o produto de 1,4-adição pretendido com um ee elevado, foram avaliados vários ligandos para o dieno e o fosfeno quiral ((R) - ou (S) binap). Não se verificou qualquer conversão na reação quando se utilizou exclusivamente o catalisador de ródio (sem ligando). O produto de adição necessário foi obtido numa quantidade ínfima quando se utilizou o complexo de ródio-bisfosfina mais frequentemente utilizado, o complexo $[RhCl(R)\text{-}binap)]_2$ ou $RhCl((S)\text{-}binap)]_2$. A utilização de um ligando com um grupo menos volumoso (2,6-dimetil)fenil éster) permitiu obter o produto de adição com um rendimento ainda mais elevado de 85% e uma melhor enantiopureza, 92% ee, do que a utilização de um ligando com um grupo mais volumoso (2,6-diisopropil)fenil éster) (81% de rendimento com 80% ee), para nosso grande prazer. Os ligandos diénicos quirais com grupos funcionais éster, derivados de um produto natural facilmente disponível (R)-phellandrene, demonstraram uma excelente atividade catalítica para alcançar a enantioselectividade. Em comparação com os ligandos diénicos quirais com grupos funcionais éster, os ligandos com grupos funcionais amida apresentaram uma atividade catalítica inferior. Além disso, a baixa atividade catalítica e a fraca enantiosselectividade foram demonstradas pelo ligando de dieno quiral com uma fração cetona, que produziu o produto (76) com 65% de rendimento e 49% de ee no esquema **25** [64].

Ph—CH=CH—SO_2F (74) + MeS—C_6H_4—$B(OH)_2$ (75) → [RhCl (L)]$_2$ (10 mol %), (sF(2.0 eq.), EA:H_2O = 10.1, 50 ^{0}C, 12h → (76)

Scheme **25 Rhodium - catalyzed Asymmetric addition**

A N-(1-naftil) sulfonamida (77) é olefinada oxidativamente utilizando acrilato de benzilo. O nosso rastreio preliminar revelou que quando $[RhCp^*Cl\ ]_{22}$ (2,5 mol %) e Cu $(OAc)_2$ (2,1 equiv) foram combinados em DCE (120^0 C), o produto ligado (79) foi isolado com 70% de rendimento. Em circunstâncias idênticas, verificou-se uma degradação notável quando se utilizou DMF em vez do solvente. Muito obrigado, obteve-se uma reação limpa reduzindo a temperatura para 100^0 C e o produto (79) foi isolado com um rendimento de 89%. Nestas circunstâncias, não é necessária a adição de sal de prata. O esquema de hidroaminação intramolecular deste produto **26** [65] após olefinação resultou na sua classificação como um azaciclo de cinco membros.

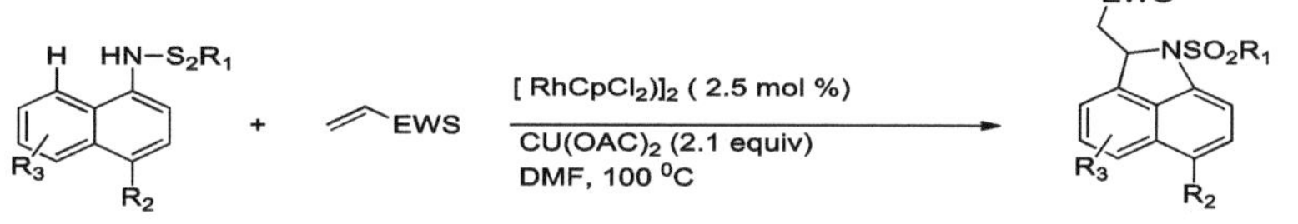

Scheme 26 Oxidative olefination using Activated Alkenes

As sulfonamidas propargílicas (via A: R1= alquilo/arilo, R2=H) e as sulfonamidas alenílicas 1, 1-dissubstituídas (via B: R1=arilo, R2=H) podem ser preparadas utilizando um método divergente graças à primeira aminação propargílica catalisada por ródio de derivados secundários de álcool propargílico. A investigação inicial investigou a viabilidade da utilização de N-benzil toluenossulfonamida na aminação propargílica catalisada por ródio (R1=Ph-(CH)22 ; R2=H). Foi tentada a aminação de processos propargílicos numa escala de 0,25 mmol utilizando 2,0 equivalentes da litianião de N-benzil toluenossulfonamida (LiN(Ts)Bn; Ts=p-toluenemetanossulfonilo) a 30^0 C e 10 mol% de [RhCl(PPh)33] esquema **27**[66].

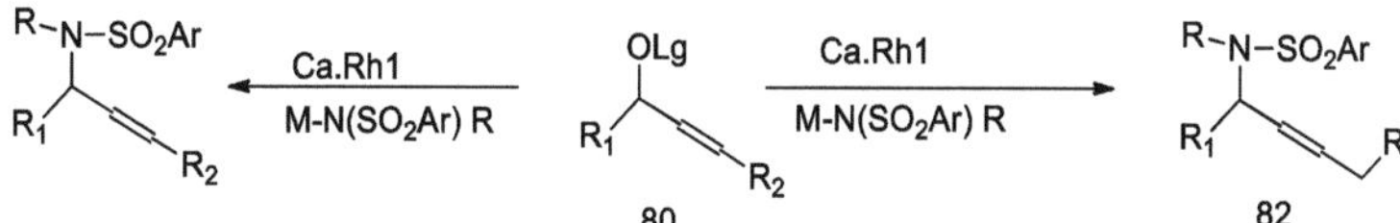

Scheme 27 General approach for the divergent construction of propar-gylic and allenyl sulfonamides

A fim de fornecer uma via eficaz para os derivados de quinolin-8-ilmetanamina, relatamos aqui uma ativação C (sp3)H de 8-metilquinolinas catalisada por Rh (III) e assistida por quelação. Isto pode facilitar a amidação intermolecular utilizando amidas facilmente acessíveis e fiáveis como reagente de amidação. Esta amidação tem um esquema de mono-seletividade total **28** [67], boa tolerância do grupo funcional e rendimentos moderados a excelentes quando realizada à temperatura ambiente.

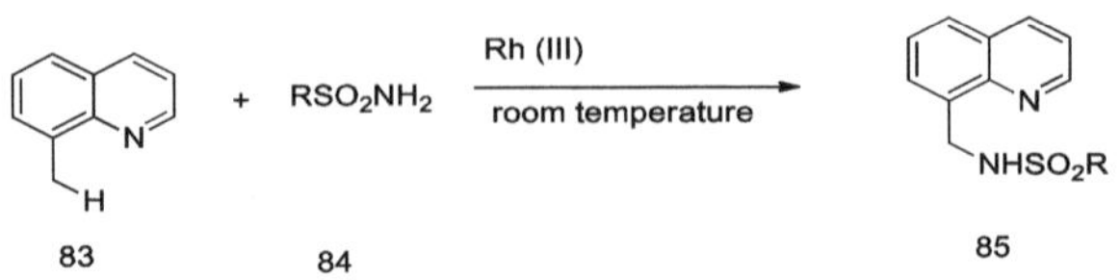

Rh (III)

+ RSO_2NH_2 → room temperature

83 84 85

$NHSO_2R$

Scheme **28 Transition - metal - catalyzed C (SP^3) - H activation / intermolecular amidation of 8-methylquinolines**

Na ausência de qualquer oxidante externo e num ambiente atmosférico, a posição C2 de uma vasta gama de derivados de 2-fenilpiridina foi activada seletivamente, sofreu acoplamento com diferentes tipos de aril e alquil sulfonil azidas e produziu as N-aril sulfonamidas alvo (88) num esquema de rendimentos moderados a excelentes **29** [68].

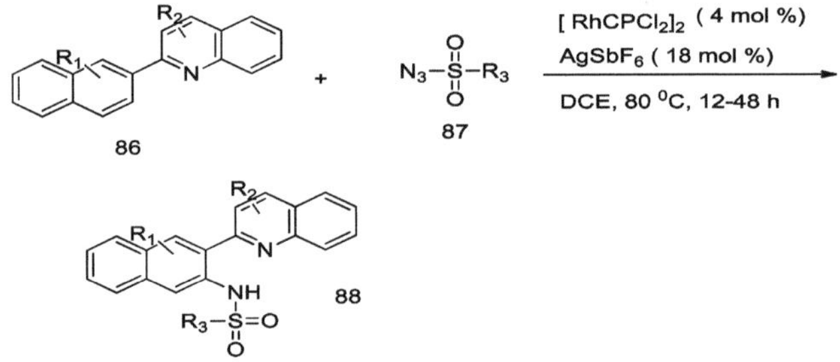

$[RhCPCl_2]_2$ (4 mol %)
$AgSbF_6$ (18 mol %)
DCE, 80 °C, 12-48 h

86 + 87 → 88

Scheme **29 Chengs synthesis of N-aryl sulfonamides**

A química de coordenação do ródio (III) produziu uma série de características intrigantes que melhoram a atividade catalítica e biológica dos complexos de Rh (III). A determinação do modo de coordenação é uma investigação crucial para esclarecer o modo de ação dos metalo-antibióticos e as características estruturais dos locais de ligação dos ligandos sulfa que estabilizam os catiões metálicos. As titulações espectrofotométricas foram preparadas em resposta a todos estes factores, a fim de determinar a afinidade do ião ródio (III) dos derivados de sulfonamida 90 e 91. De facto, os espectros UV-Vis foram obtidos num esforço para compreender os modos que foram indicados. Os espectros electrónicos dos ligandos não coordenados 90 e 91 são apresentados como uma linha preta a negrito com uma banda visível na região de 210-600 nm, 276 nm para 90 e 268 nm para 91. A instabilidade das orbitais π^* parece causar uma pequena deslocação azul (8 nm) em resposta à alteração da posição do substituinte hidroxilo de orto para meta. Em ambos os cenários, a banda centrada no ligando (LC) sofre um modesto desvio de intensidade em relação ao ligando durante a complexação com o esquema de iões Rh (III) **30** [69].

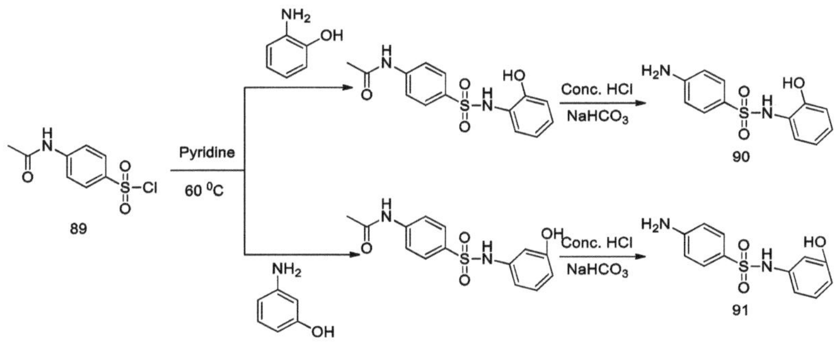

Scheme 30 Synthetic route of sulfonamides 90 and 91

2.2.4. Síntese de sulfonamidas catalisada por Fe e Ru

Há também referências recentes sobre reações catalisadas por Fe e Ru para a síntese de sulfonamidas, além das reações catalisadas por Pd, Cu e Rh listadas acima. Luo et al. revelaram em 2015 que os complexos de N-arilsulfonamida poderiam ser sintetizados catalisados por ferro, criando ligações NeS através do acoplamento direto de arilsulfinatos de sódio com nitroarenos, que foram utilizados como fontes de azoto neste processo. Para a síntese de complexos de N-arilsulfonamida (94), esquema **31**[70], as reacções de acoplamento de sulfinatos de sódio (92) com nitroarenos (93) foram realizadas com três equivalentes de $NaHSO_3$ como redutor, 10 mol% de $FeCl_2$ como catalisador e 20 mol% de trans-N,N0-dimetil-1,2-diaminociclohexano (DMDACH) como aditivo em DMSO a 60^0 C durante 12 horas.

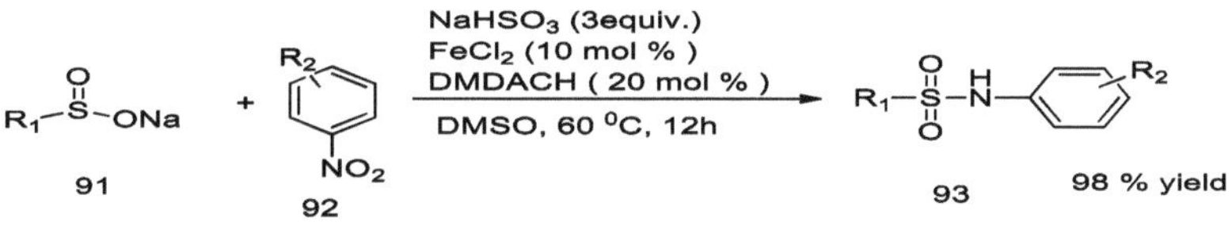

Scheme 31 Fe-Catalyzed N-aryl sulfonamide formation

As indolinas ou os seus derivados substituídos por 7-sulfonamida são um tipo comum de andaime farmacêutico. Por exemplo, o indisulam (E7070), um medicamento sulfonamida, funciona incrivelmente bem quando utilizado com CPT-11 para tratar o cancro. Consequentemente, a funcionalização selectiva da ligação CeH das indolinas na posição C7, auxiliada por grupos directores, é altamente apelativa do ponto de vista sintético. De acordo com esta perspetiva, Zhu et al. criaram uma amidação direta C7 de ligações CeH de indolinas com azidas sulfonílicas, que foi catalisada por ruténio, para criar indolinas substituídas por 7-sulfonamidas. A fim de produzir indolinas substituídas por 7-sulfonamida (96) em bons rendimentos, segundo o esquema técnico **32** [71], as indolinas (94) foram tratadas com azidas sulfonílicas (95) na presença de $[RuCl_2$ (pcymene)$]_2$ (5 mol%), $AgSbF_6$ (20 mol%) e AgOAc aditivo (50 mol%) em DCE a 80 ^{0} C durante 10 h.

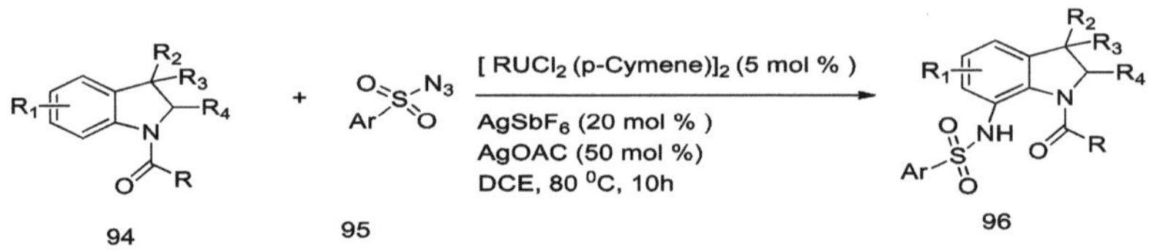

[$RUCl_2$ (p-Cymene)$]_2$ (5 mol %)
$AgSbF_6$ (20 mol %)
AgOAC (50 mol %)
DCE, 80 ^{0}C, 10h

94 95 96

Scheme **32 RU- Catalyzed C7 amidation of indoline C-H bonds**

Jiao e colaboradores relataram outra amidação intermolecular catalisada por Ru (II) de cetonas de coordenação fraca (97) com azidas sulfonílicas (98) através da ativação de ligações CeH para a produção de derivados de sulfonamida (99). Neste caso, foi adicionado Cu $(OAc)_2$, enquanto que no caso anterior foi utilizado o esquema AgOAc **33** [72].

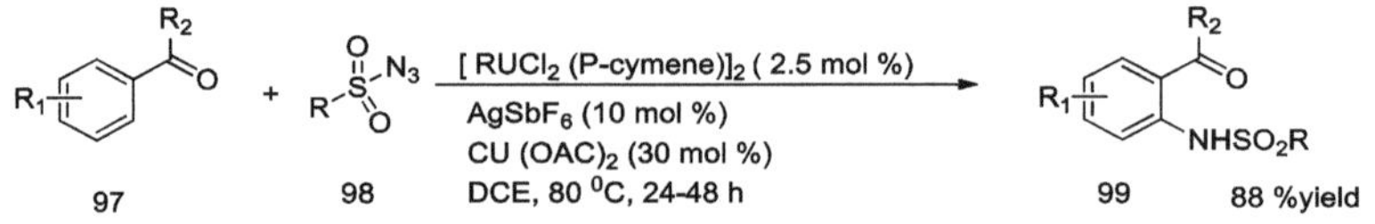

[$RUCl_2$ (P-cymene)$]_2$ (2.5 mol %)
$AgSbF_6$ (10 mol %)
CU $(OAC)_2$ (30 mol %)
DCE, 80 ^{0}C, 24-48 h

97 98 99 88 %yield

Scheme **33 RU-Catalyzed C-H functionalization with ketone as adirecting group for the synthesis of sulfonamide derivatives**

3. Aplicações da química medicinal

3.1. Anticancerígeno.

Os produtos farmacêuticos à base de sulfonamidas são utilizados em contextos clínicos para tratar e curar diferentes tipos de células cancerígenas que afectam áreas distintas do corpo. A formação de células aberrantes que se espalham rapidamente para outras partes do corpo é a causa do cancro. Existem numerosos tipos de cancro, incluindo o cancro da pele, o linfoma, o cancro do pâncreas, o cancro do pulmão, o cancro do fígado, o cancro da próstata e o cancro da mama [73]. Os sintomas dos vários tipos de cancro variam. O cancro é a doença mais mortal nos seres humanos e um problema de saúde mundial. O cancro é causado por uma série de factores, incluindo várias fontes de carcinogéneos, má qualidade dos alimentos, ignorância do público e contaminação ambiental. A prevalência do cancro está a aumentar de forma constante todos os dias devido a estas variáveis. A quimioterapia, a cirurgia e a radioterapia estão disponíveis para o tratamento do cancro [74]. A revisão da literatura deste artigo de revisão dos últimos dez anos oferece uma compreensão completa de como as porções heterocíclicas substituídas por núcleos de sulfonamida afectam o potencial terapêutico dos derivados de sulfonamida contra várias linhas de células cancerígenas.

O presente trabalho demonstra como as bibliotecas combinatórias de sulfonamidas sintéticas anti-cancro, os scaffolds e os análogos podem ajudar no futuro processo de descoberta de medicamentos em farmácia e medicina.

Através de uma variedade de processos, vários compostos de tioureia demonstraram atividade biológica, incluindo atividade anticancerígena. Por outro lado, foi demonstrado que os derivados da benzenossulfonamida são medicamentos anticancerígenos eficazes. Poderá ser possível investigar a atividade biológica dos híbridos de ambas as moléculas como potenciais agentes anticancerígenos. Utilizando a 4-isotiocianatobenzenossulfonamida como material de partida chave, foi desenvolvida e produzida uma nova série de tioureidobenzenossulfonamidas com várias porções fisiologicamente activas. A eficácia anticancerígena in vitro de cada produto químico recentemente sintetizado foi avaliada contra uma série de linhas de células cancerígenas. Com exceção de uma linha de cancro da mama, a maioria dos compostos sintetizados demonstrou uma boa atividade, particularmente os compostos (100, 101, 102, 103, 104) e (105), que demonstraram uma boa atividade superior ou equivalente à dos medicamentos de referência, DCF e Doxorrubicina. A docagem molecular no sítio ativo da enzima mitogénica quinase (MK-2) foi realizada como uma experiência para indicar o mecanismo de ação dos compostos activos. Foram obtidos bons resultados, especialmente para o composto 100 Fig. **1**[75].

.

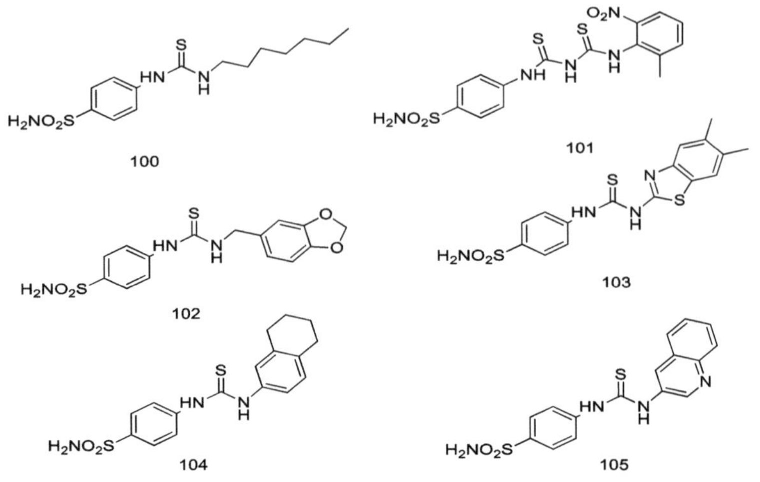

Fig. 1 thioureidobenzenesulfonamides as anticancer

Em contraste com o medicamento de referência 5-Fluorouracil, as novas substâncias e os seus isósteros químicos 2-thiouracil-5-sulfonamidas foram examinados quanto à sua potencial ação anticancerígena contra as linhas celulares MCF-7 e HEPG-2. Em comparação com o 5-Fluorouracil, que tinha valores de IC50 de 0,67 e 5 µg/mL, respetivamente, o composto (106) foi o mais ativo contra a linha celular de carcinoma da mama (MCF-7) e a linha celular de carcinoma do fígado (HEPG-2), produzindo valores de IC50 promissores de 0,52 µg/mL e 0,63 µg/mL, respetivamente Fig. **2**[76].

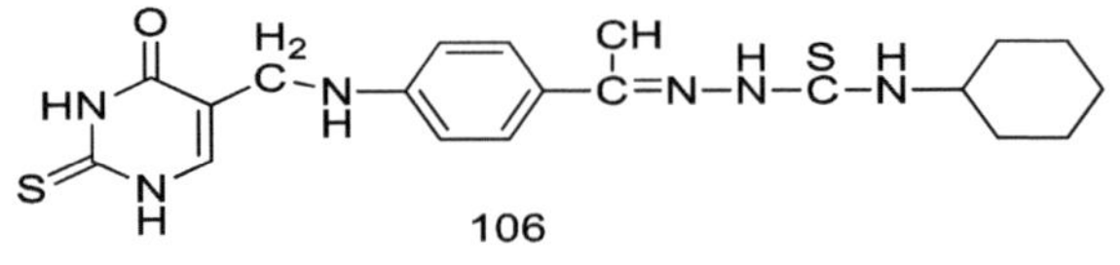

Fig. **2** The most active against the breast carcinoma cell line

Nestes laboratórios, foram avaliados vários pequenos compostos de bibliotecas centradas nas sulfonamidas, num esforço para encontrar novos medicamentos contra o cancro. Utilizando a análise citométrica de fluxo, os rastreios baseados em células identificaram duas classes diferentes de inibidores do ciclo celular nesta série: uma classe (incluindo E7010 e ER-67865) impediu a polimerização da tubulina, o que parou a mitose; a outra classe (incluindo E7070 e ER-68487) reduziu a fração de células na fase S e perturbou o ciclo celular em G1 e/ou G2 através de um mecanismo não identificado. A fim de obter informações adicionais sobre os efeitos de ambos os tipos de sulfonamidas anticancerígenas na expressão genética, utilizámos a análise de microarray de oligonucleótidos para compostos representativos. Foram descobertos perfis de transcrição quase idênticos entre E7010 e ER-67865, bem como entre E7070 e ER-68487, o que está de acordo com as observações fenotípicas. Por outro lado, houve muito pouca sobreposição entre os genes afectados pelo E7010 e pelo E7070. Tanto as células tratadas com E7010 como com ER-67865 apresentaram uma regulação negativa dos transcritos de tubulina, uma alteração de expressão caraterística dos agentes despolimerizadores de microtúbulos. Por outro lado, vários genes envolvidos nas actividades metabólicas, na progressão do ciclo celular, na resposta imunológica e na transmissão de sinais tiveram a sua expressão acentuadamente suprimida pelo E7070 e pelo ER-68487. E7010 e E7070, duas das substâncias em investigação, avançaram para ensaios clínicos e mostraram alguns resultados objectivos na Fase I. O perfil de novos candidatos a fármacos anticancerígenos da classe das sulfonamidas (107, 108), utilizando a análise da expressão genética e o rastreio fenotípico, é aqui descrito. Um estudo de translação que pode oferecer sinais úteis para a avaliação farmacodinâmica de medicamentos num contexto clínico é apresentado na Fig. **3** [77].

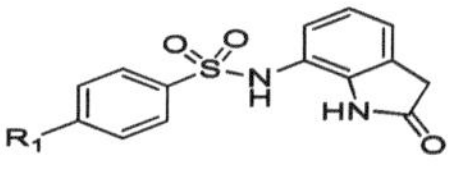

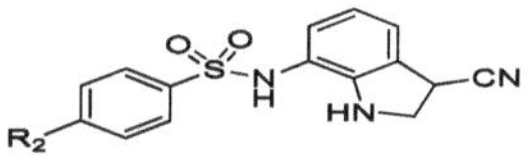

Fig. 3 sulfonamide antitumor agents on cell cycle progression and tubulin polymerization

Utilizando o ensaio MTT, foram examinados os efeitos citotóxicos das sulfonamidas sintéticas E7070 (109) nas linhas celulares cancerígenas HeLa, MDA-MD-468 e MCF-7. O meio RPMI-1640 foi utilizado para cultivar e fazer passar as células cancerosas humanas. Após um período de incubação de 24 horas, doses logarítmicas de 0.1 µm, 1 µm, 10 µm, 100 µm e 1mM de cada medicamento foram produzidas, aplicadas na placa de 96 poços e incubadas por um período de 72 horas. As células foram inicialmente cultivadas numa concentração de 1 × 105 células/mL. O ensaio MTT foi então utilizado para avaliar a sobrevivência das células a 540 nm, utilizando um leitor de placas ELISA. No intervalo de concentração de 100-1000 µm, as células HeLa e MCF-7 foram expostas aos efeitos citotóxicos de todas as sulfonamidas testadas. Em concentrações de 10-100 µm, estas sulfonamidas foram consideradas citotóxicas para a linha celular MDAMB-468, resultando numa redução da sobrevivência celular inferior a 50%. Os valores de IC50 calculados para MDA-MB-468 < 30 µm, MCF-7 < 128 µm e HeLa < 360 µm foram encontrados na Fig. **4** [78].

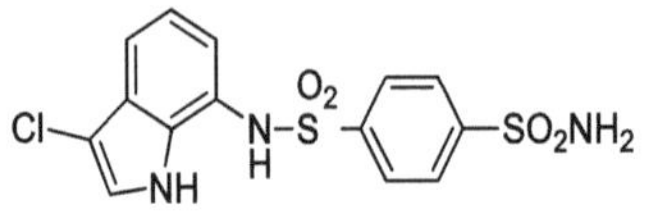

109

Fig. 4 Chemical structure of E7070, anovel synthesized sulfonamide with anticancer effects

Utilizando o teste colorimétrico MTT, a atividade anticancerígena do ligando sintetizado e dos seus complexos metálicos (110) foi avaliada em células epiteliais da córnea humana (HCEC) e em células de cancro da mama MCF-7 [34]. As células foram cultivadas e mantidas em meio RPMI-1640, reforçado com 1% de penicilina-estreptomicina e 10% de soro fetal bovino. A contagem de células viáveis foi determinada utilizando o método de exclusão do corante azul de Tripan. Uma densidade de cerca de 5 × 104 células foi semeada em placas de 96 poços com doses variáveis de produtos químicos durante 24-48 horas Fig. **5** [79].

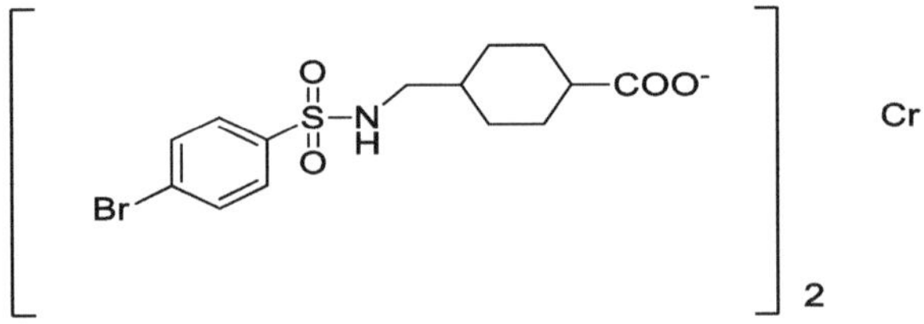

Fig. **5** Metal complex sulfonamide

Utilizando o programa Molegro Virtual Docker, vários compostos de sulfonamida foram encaixados na bolsa de ligação do EGFR (TMLR). A fim de identificar novos candidatos a inibidores do EGFR para o tratamento do cancro, a energia livre de ligação foi calculada para estimar a sua afinidade para a cinase TMLR do EGFR. De acordo com os resultados, o recetor EGFR (TMLR) foi acoplado com a energia máxima a -147,213 e -132,14 Kcal/mol por 111 e 112. Foi projetado qual seria o seu modo de ligação correspondente. Com base no EGFR tirosina quinase T790M/L858R Fig. **6** como alvo, os resultados observados sugerem que estes fármacos podem ser possibilidades inovadoras no tratamento do cancro do pulmão [80].

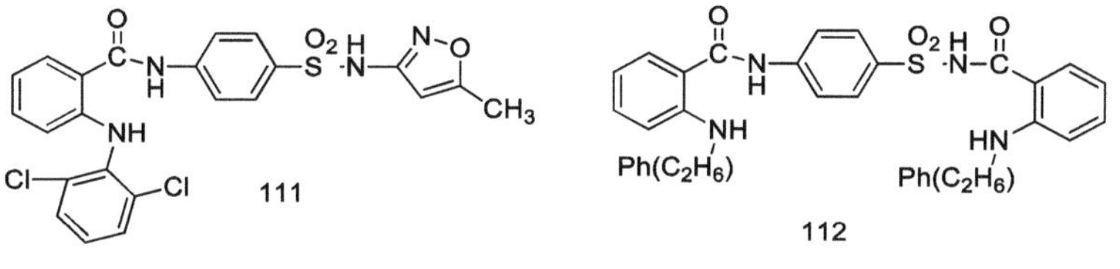

Fig. 6 Sulfonamides Derivatives as Anticancer AgentTargeting EGFR TK,

Devido às possíveis propriedades anticancerígenas da sulfonamida e da chalcona, foram criadas e produzidas em três etapas cinco moléculas híbridas únicas com ambas as estruturas. Estas moléculas foram testadas na linha celular de cancro da mama humano MCF-7 para actividades anticancerígenas in vitro. Quando testada contra a linha de células MCF-7, a (E)-2-metoxi-N-(4-metoxifenil)-5-(3-(4-nitrofenil) acriloil) benzeno sulfonamida (113) exibiu a atividade anticancerígena mais forte Fig. 7 [81].

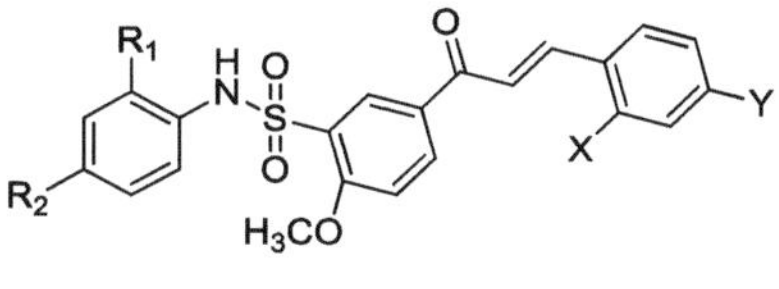

Fig. 7 chalcone and sulfonamide moieties

De acordo com os requisitos farmacofóricos para a atividade biológica, foram sintetizadas novas sulfonamidas contendo uma porção de 1, 2, 4-triazina. Para determinar se algum dos compostos sintetizados tem propriedades anticancerígenas contra as linhas celulares de cancro da mama humano MCF-7 e MDA-MB-231, todos eles foram examinados in vitro. Com valores de IC50 de 42 e 50, respetivamente, em comparação com os 100 determinados para o clorambucil, os compostos 114 e 115 foram os mais citotóxicos contra as células MCF-7 (Figura 2A). As restantes substâncias tiveram um efeito inibidor nas células de cancro da mama MCF-7 que foi ligeiro ou moderado. Entre os derivados, o composto 114 reduziu a viabilidade das células MDA-MB-231 à taxa mais elevada, com um valor IC50 de 68, em oposição aos 88 encontrados para o clorambucil. Fig. **8** [82].

Fig. **8**1,2,4-Triazine Sulfonamides

3.2. Doença de Alzheimer

A doença de Alzheimer é uma doença neurodegenerativa prolongada que danifica o tecido cerebral e prejudica, em grande parte, a capacidade de uma pessoa viver de forma independente. Embora não exista cura, existem medidas precoces que podem ser tomadas para diminuir os seus efeitos duradouros. Foram produzidos derivados de sulfonamida à base de indole numa tentativa de encontrar um medicamento mais potente para o tratamento da doença de Alzheimer. Cada análogo foi testado contra a enzima acetilcolinesterase sob o controlo positivo do medicamento convencional donepezil, a fim de identificar um candidato principal. Os análogos 116 nesta investigação demonstraram uma forte inibição e as análises cinéticas validaram o seu método de inibição. Fig. **9** [83].

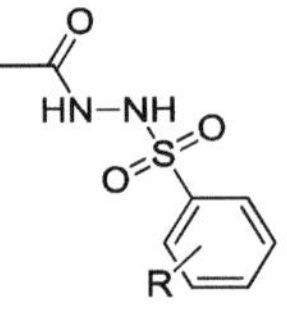

Fig. **9** Indole-based sulfonamide derivatives as anti-Alzeheimer agent

Um dos ligantes mais significativos e úteis para numerosas aplicações medicinais é o 1, 3-diariltriazeno. Assim, no presente trabalho, os derivados de aminas aromáticas substituídas e o sal de diazónio da sulfanilamida foram reagidos para criar uma sequência de 1, 3-diariltriazeno sulfonamidas 117. Foram utilizadas várias técnicas, incluindo um ensaio de eliminação do radical DPPH, descolarização do radical ABTS, capacidade antioxidante de redução cúprica (CUPRAC) e procedimentos de quelação de metais, para examinar as capacidades antioxidantes dos compostos produzidos. Também foram efectuados testes sobre as capacidades inibidoras da colinesterase dos compostos sintéticos (acetilcolinesterase e butirilcolinesterase). Enquanto a maioria dos compostos tinha pouca atividade antioxidante, 117 deles tinham elevadas percentagens de inibição contra a butirilcolinesterase e a acetilcolinesterase, com valores de inibição percentual que variavam entre 62,24 e 98,47 e 11,54 e 93,67, respetivamente. Fig. **10** [84].

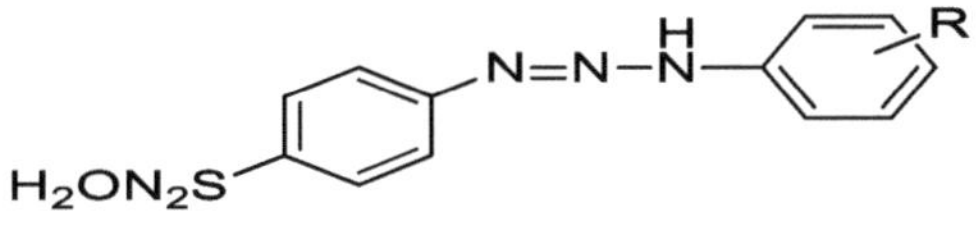

H_2ON_2S N=N–NH R

117

Fig. **10** 1,3-diaryltriazene sulfonamides

A partir da 3, 4-dimetoxifenetilamina, foi criado um número de análogos únicos da dopamina com grupos funcionais ureia e sulfonamida. Após a cloração sulfonílica do derivado da ureia, a 3,4-dimetoxifenetilamina reagiu com cloreto de N, N-dimetilcarbamoilo para produzir cloreto de benzeno-1-sulfonilo, que depois reagiu com NH_3 (aq) ou N-alquil aminas para produzir sulfonamidas relacionadas. A interação de O-desmetilação do composto seguinte com BBr_3 produziu quatro novos análogos fenólicos da dopamina, incluindo ureia e sulfonamida com a mesma estrutura. As propriedades antioxidantes e anticolinérgicas dos compostos produzidos foram investigadas. O composto 118 demonstrou inibição micromolar tanto da butirilcolinesterase (BChE) como da acetilcolinesterase (AChE). Para AChE e BChE, os valores de IC50 de 118 foram determinados como sendo 298 ± 43 μM e 321 ± 29 μM, respetivamente. Fig. **11** [85].

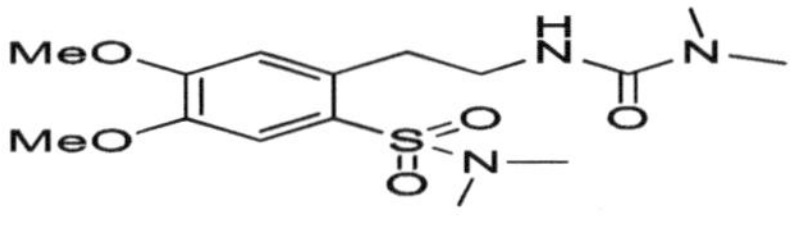

MeO MeO H N N O S O O N

118

Fig. **11** dimethylbenzenesulfonamide

A doença de Alzheimer (DA) tem sido uma das principais preocupações mundiais nas últimas décadas e pensa-se que é a forma mais prevalente de demência. Pensa-se que a beta-secretase (BACE1) e o PPARc são alvos promissores para o tratamento da doença de Alzheimer. Simultaneamente, foi demonstrada a ação agonista PPARc das sulfonilureias e sulfonamidas. Trinta e cinco compostos derivados de sulfonamidas e sulfonilureias com as mesmas características farmacofóricas fundamentais que os agonistas do PPARc foram virtualmente analisados num esforço para encontrar novos medicamentos anti-AD. De acordo com os testes de acoplamento, o composto 119 acoplou-se ao local de ligação do BACE1 e mostrou afinidades encorajadoras com o PPARc. Além disso, foram tidas em conta as propriedades físico-químicas e ADMET deste composto. Além disso, esta molécula foi avaliada em comparação com PPARc e BACE1. Para o composto 119, o valor IC50 contra BACE1 foi de 1,64 μM, e o valor EC50 contra PPARc foi de 0,289 μM. Fig. **12** [86].

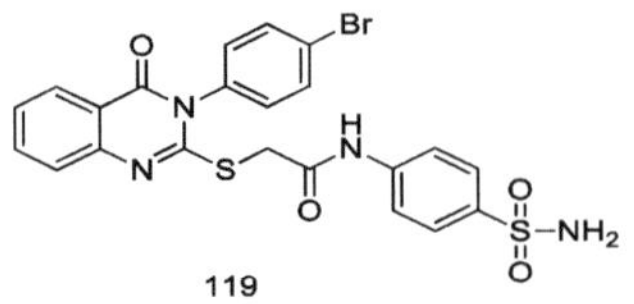

Fig. **12** Sulfonamide and Sulfonylurea as Anti-Alzheimer's Agents Targeting BACE1 and PPARã

Os medicamentos comerciais foram avaliados em termos da sua capacidade de impedir a auto-montagem de Ab, modular a atividade da colinesterase, eliminar radicais livres e inibir a fibrilogénese e a formação de oligómeros. Nestes testes, algumas substâncias produziram resultados encorajadores e sugeriram áreas para desenvolvimento futuro. Tomámos a decisão de criar mais derivados, prolongando a síntese do produto químico. Previa-se que cadeias alquílicas mais longas funcionariam como inibidores mais eficazes da colinesterase, imitando as características estruturais do donepezil (120) Fig. 13, um conhecido inibidor da AChE, sem reduzir a eficácia dos compostos noutros testes. Por conseguinte, foi produzida a sacarina (120). Fig. **14** [87].

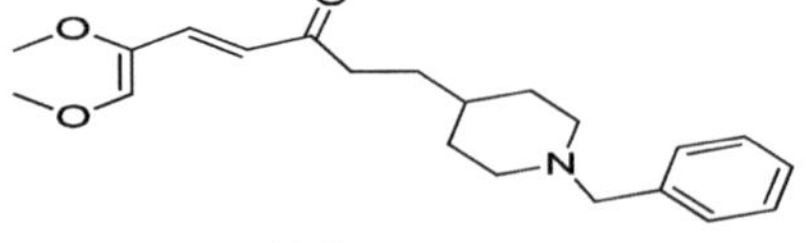

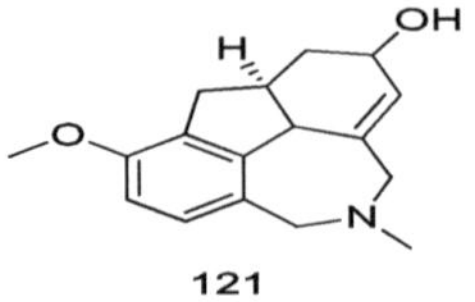

Fig. **13** Structure of donepezil and galanthamine

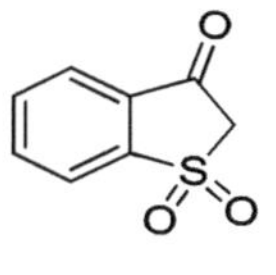

122

Fig. **14** Structure of the tested commerical sulfonamides

A doença de Alzheimer (DA) é uma doença neurológica complexa que afecta fortemente todas as sociedades a nível social e económico e para a qual não existe atualmente nenhum tratamento conhecido. Os ligandos dirigidos a múltiplos alvos (MTDL) parecem ser uma abordagem terapêutica promissora para o tratamento desta doença. Para tal, foram utilizados três métodos fáceis e económicos para conceber e criar novos MTDLs que visam a atividade antioxidante, a inibição da colinesterase e o bloqueio dos canais de cálcio. Com base nos dados biológicos e físico-químicos recolhidos para este estudo, foram identificados dois híbridos sulfonamida-dihidropiridina (123) que exibem simultaneamente inibição da colinesterase, bloqueio dos canais de cálcio, capacidade antioxidante e efeito ativador Nrf_2 -ARE. Estes híbridos merecem investigação adicional para o tratamento da DA. Fig. **15** [88].

.

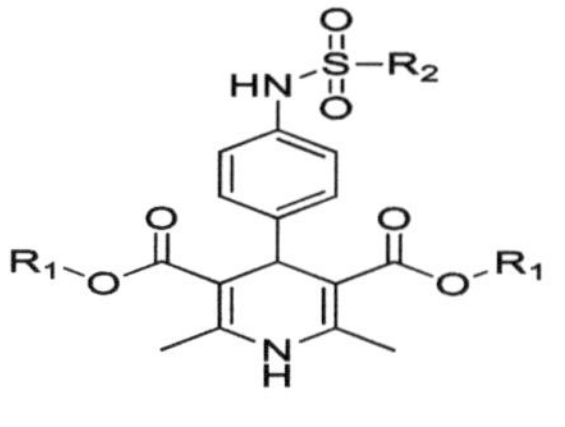

123

Fig. **15** Sulfonamide-Dihydropyridine

Animais com doença de Alzheimer (DA) causada por estreptozotocina (STZ) foram utilizados para testar os efeitos de cinco sulfonamidas sintéticas nos seus défices cognitivos. O carvacrol é um produto natural e uma molécula minúscula com capacidades semelhantes às de um medicamento. Foram feitas avaliações sobre o stress oxidativo, a memória, a deambulação e a ansiedade. Foram utilizadas experiências in vitro para medir a inibição da acetilcolinesterase (AChE) e foram estabelecidas relações estrutura-atividade através da combinação dos dados com a acoplagem molecular. Os animais tratados com substâncias químicas derivadas da morfolina, da hidrazina e do 2-fenol apresentaram uma melhor memória. O composto mais promissor foi o composto (126), que teve um desempenho excecional no teste de evitamento inibitório. Além disso, no teste de campo aberto, os produtos químicos não mostraram impactos negativos na capacidade do animal de andar. Os resultados do ensaio de inibição da AChE foram validados por meio de docking molecular. Em suma, as substâncias (124), (125) e (126) têm a capacidade de atenuar as deficiências provocadas pela STZ e podem ser utilizadas para tratar a doença de Alzheimer. Além disso, estas substâncias têm fortes propriedades antioxidantes e ansiolíticas. Fig. **16** [89].

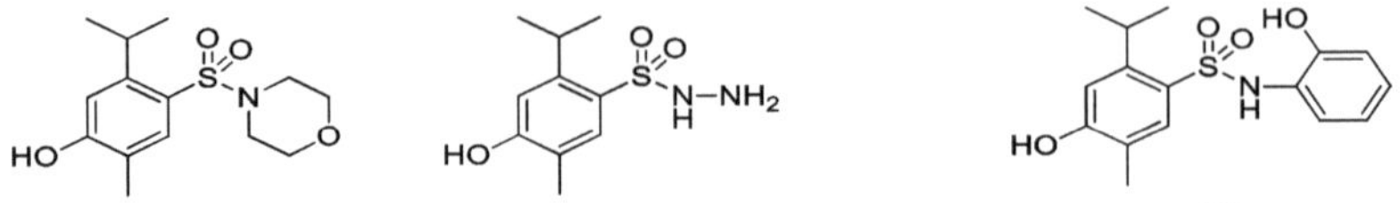

Fig. **16** Sulfonamides derived from carvacrol

O início da doença de Alzheimer (DA) está intimamente associado à atividade da β-secretase (BACE1). Foi investigado o potencial dos derivados de amino chalconas para inibir a BACE1. Os valores IC50 para as amino chalconas originais contra a BACE1 foram de dois dígitos micromolares. Ao adicionar derivados de benzenossulfonilo ao grupo amino, a potência foi aumentada em dez vezes ou mais: 5a (IC50 = 0,21 μM). A posição e a quantidade de grupos hidroxilo no anel B da chalcona tiveram um impacto substancial na atividade: 3, 4-di-hidroxi 5a (IC50 = 0,21 μM) >4-hidroxi. De acordo com os gráficos secundários do composto (127) e os gráficos de Lineweaver-Burk e Dixon, trata-se de um inibidor misto com um comportamento dependente do tempo e reversível. Os inibidores fortes da BACE1 (127) demonstraram uma inibição moderada da acetilcolinesterase (AChE) e da butirilcolinesterase (BChE), duas enzimas adicionais ligadas à fisiopatologia da doença de Alzheimer. Os seus valores de IC50 variaram entre 56,1 ~ 95,8 μM e 19,5 ~ 79,0 μM, respetivamente. Fig. **17** [90].

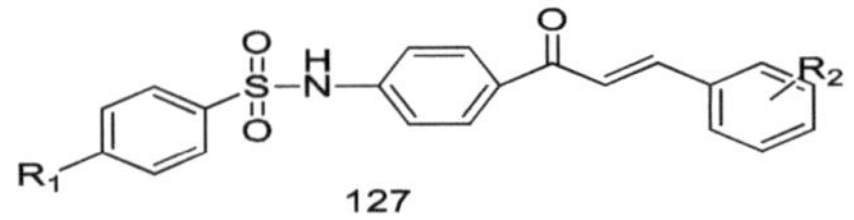

Fig. **17** Chalcone derivatives

Uma das doenças neurodegenerativas mais debilitantes, a doença de Alzheimer (DA) caracteriza-se por uma variedade de características patológicas. Consequentemente, uma das áreas que tem estado mais ocupada na procura de novos e potentes tratamentos anti-AD é a investigação de medicamentos multi-alvo. O farmacóforo do donepezil, um medicamento contemporâneo inibidor da acetilcolinesterase AChE anti-AD, ou a sua contraparte benzil-piperazina, é combinado com uma função aril-sulfonamida para criar uma série de compostos híbridos que são aqui apresentados. De acordo com os resultados in vitro, alguns destes híbridos apresentam potências inibidoras da AChE superiores e a capacidade de inibir a agregação da amiloide-b (Ab), resultando numa ação óptima contra dois alvos primários da DA. Além disso, alguns destes híbridos travaram os danos celulares induzidos pela Ab. Foram antecipadas características semelhantes às dos medicamentos, uma das quais era a permeabilidade hemato-encefálica. Um potencial fármaco líder multi-alvo (inibição da AChE, IC50 1,6 _M; inibição da agregação Ab, 60,7% foi o composto 128. Em suma, esta família híbrida merece mais investigação porque as sulfonamidas têm uma vasta gama de actividades biológicas. Fig. **18** [91].

.

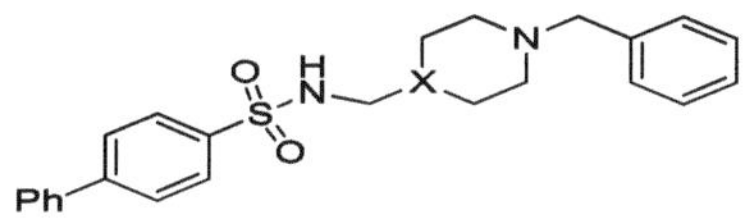

128

Fig. **18** Donepezil (DNP)

Como se pode ver pelos seus valores IC50, os compostos sintetizados foram considerados inertes contra a acetilcolinesterase (AchE), mas têm uma boa capacidade inibitória contra a butirilcolinesterase (BChE). Os inibidores mais potentes entre eles foram a N-etil-N-(2-feniletil)benzenossulfonamida (129) e a N-alil-N-(2-feniletil) benzenossulfonamida (130), com valores de IC50 de 02±1,01 e 13±0,78 μmoles, respetivamente, em comparação com a eserina, um padrão de referência, com um valor de IC50 de 0,85±0,001 μmoles. Isto deve-se provavelmente ao facto de estas moléculas terem um grupo etilo e um grupo alilo substituídos, respetivamente. Fig. **19** [92].

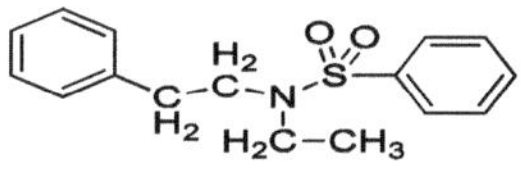

129

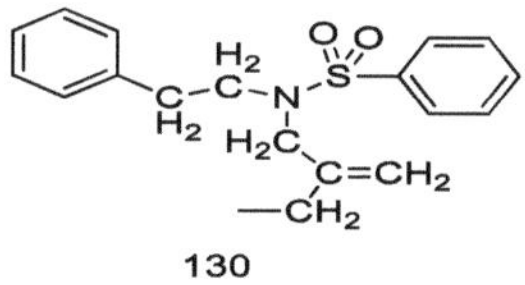

130

Fig. **19** phenylethylbenzenesulfonamide

A doença de Alzheimer (DA) é uma doença neurológica grave que afecta as regiões de aprendizagem e memória do cérebro. O início da DA pode ser pré-senil ou senil e pode manifestar-se antes ou depois dos 60 anos, dependendo da idade média da população. O perfil de atividade anti-AD documentado do análogo aril sulfonamida serviu de base para a conceção da série química (131). Utilizando investigação comportamental (teste

MWM) e patológica, foi avaliado o impacto dos derivados de sulfonamida substituídos sintetizados (131) em modelos de demência de Alzheimer. A ação anti-AD destes compostos foi boa a moderada, e as suas estruturas ainda precisam de ser optimizadas. Fig. **20** [93].

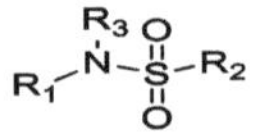

131

Fig. **20** Sulphonamide Analogs asNeuroprotective Anti-Alzheimer's Agents

A sulfadimidina (132), o sulfametoxazol (133) e a sulfacetamida (134), compostos da base sulfonamida que já foram utilizados no tratamento de outras patologias, foram estudados computacionalmente para conhecer o docking molecular e a análise de absorção, distribuição, metabolismo e excreção (ADME). Os resultados demonstraram que estas substâncias apresentavam uma interação favorável com a acetilcolinesterase (AChE), bem como uma afinidade razoável pelos locais de inibição da enzima. A análise in silico demonstrou que estes medicamentos são bem absorvidos pelo intestino humano, para além de não serem perigosos, mutagénicos, cancerígenos ou inibidores do citocromo P (CYP). Fig. **21** [94].

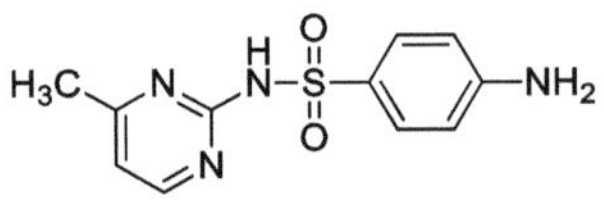

132

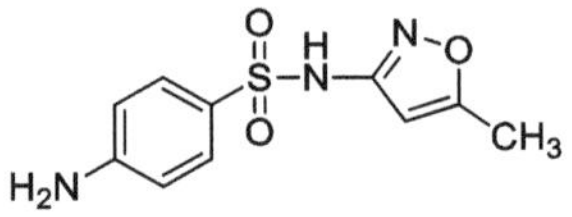

133

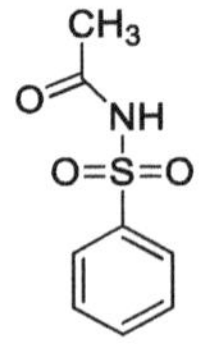

134

Fig. **21** Sulfadimidine, sulfamethoxazole and sulfaacetamide

3.3. Antimicrobianos

Uma questão fundamental para manter a sustentabilidade da saúde global tem sido sempre o desenvolvimento de novos antibióticos para combater a resistência aos antibióticos. No trabalho aqui relatado, uma pequena coleção de derivados de o-benzenedissulfonimido-sulfonamida previamente sintetizados foi testada para determinar os perfis antimicrobianos contra dez microrganismos diferentes, em busca de novos agentes antibacterianos/antifúngicos promissores. Isto foi feito porque os compostos heterocíclicos com sulfonamidas apresentam uma série de vantagens como compostos biologicamente activos. O método de diluição em microbroto foi utilizado para testar oito compostos e os seus padrões contra sete estirpes bacterianas e três estirpes fúngicas, incluindo membros das espécies bacterianas Gram-positivas e Gram-negativas, bem como Candida spp. Em 10 alvos distintos, cada um dos compostos testados exibiu uma ação inibitória única com valores de CIM consideráveis. O composto (135), em particular, demonstrou uma eficácia antibacteriana superior contra o maior número de agentes patogénicos testados. Fig. **22** [95].

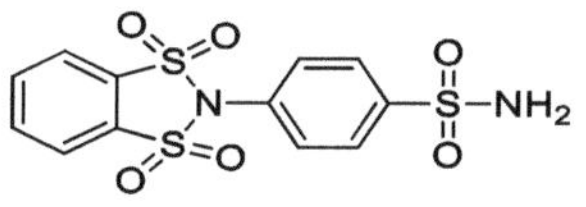

Fig. **22** o-benzenedisulfonimido-sulfonamide

Foram sintetizados treze novos compostos de tiadiazol (136) e as suas propriedades antifúngicas e antibacterianas foram avaliadas in vitro. Comparando todos os compostos investigados com o fungicida comercial bifonazol, demonstraram uma eficácia antifúngica considerável contra todos os tipos de micromicetas estudados. As variações na sua atividade dependem da substituição de grupos reactivos distintos. Mais precisamente, a contraparte sintetizada com o grupo reativo metilpiperazina apresentou a maior atividade antifúngica. Além disso, é evidente que os vários produtos químicos responderam de forma diferente às bactérias. Foi feita uma tentativa de relacionar as variações de atividade acima mencionadas com a investigação sobre a lipofilicidade. Fig. **23** [96].

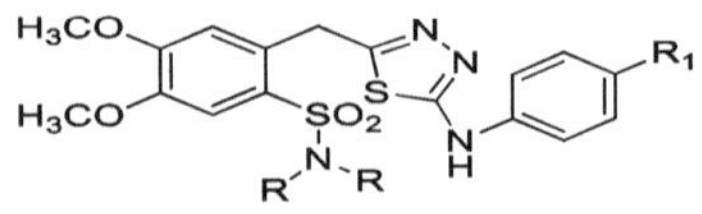

136

Fig. **23** Thiadiazole derivatives

O Staphylococcus aureus é uma bactéria não móvel, gram positiva, não esporulante, facultativa

Um micróbio anaeróbio. Em particular, é uma bactéria importante com potencial para causar infecções nosocomiais. As infecções por S. aureus resistentes à meticilina são melhor tratadas com medicamentos derivados de sulfonamidas. Técnicas: Foram utilizadas técnicas de MIC e de difusão em disco para examinar a atividade antimicrobiana de quatro derivados de sulfonamidas contra 50 isolados clínicos de S. aureus. 50 isolados clínicos foram obtidos a partir de amostras de doentes do Hospital da Faculdade de Medicina da Universidade Ondokuz Mayis que estão a receber cuidados médicos. Além disso, foi examinada a estirpe de controlo S. aureus ATCC 29213. De acordo com os resultados, os casos de (137) [N-(2-hidroxi-4-nitro-fenil)-4-metil-benzensulfonamida] e (138) [N-(2-hidroxi-5-nitro-fenil)-4-metil-benzensulfonamida] contra S. aureus apresentaram a maior inibição. Comparado com o antibiótico oxacilina, o Composto I [N-(2-hidroxi-4-nitro-fenil)-4-metil-benzensulfonamida] apresentou um maior impacto em 21 S. aureus MRSAisolados. A adição de um retirador de electrões no anel aumentou significativamente a ação antibacteriana [97].

A procura de métodos eficazes de prevenção e tratamento de infecções tem sido estimulada pelas graves preocupações de saúde causadas pela resistência microbiana aos antibióticos de primeiro e último recurso. Uma vez que oferece a possibilidade de criar compostos com características distintas e ajustáveis, a coordenação metálica de estruturas com qualidades antibacterianas representa uma estratégia viável para melhorar e aperfeiçoar a atividade biológica tanto dos antibióticos como dos iões metálicos. As sulfonamidas, em particular, são uma opção atraente porque combinam as propriedades estruturais necessárias para a coordenação de metais e a ação antibacteriana. Fig. **24** [98].

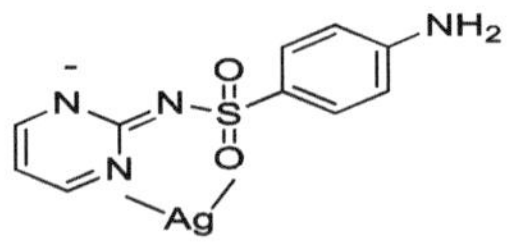

139

Fig. **24** Ag (I) -sulfadiazine complex

Muitas classes de medicamentos são baseadas na química do grupo funcional sulfonamida (ou sulfonamida) (SN). As sulfonamidas in vivo podem ajudar a tratar uma vasta gama de doenças, incluindo diurese, hipoglicemia, tiroidite, inflamação e glaucoma. Fazem-no exibindo uma variedade de actividades farmacológicas, como a anidrase anticarbónica e a dihidropteroato sintetase. Em medicina veterinária, a sulfametazina (SMZ) é um medicamento sulfonamida frequentemente utilizado que funciona como um agente antibacteriano para tratar doenças em animais, incluindo infecções do trato respiratório e gastrointestinal. Outro medicamento sulfonamida frequentemente utilizado é a sulfadiazina (SDZ), que é utilizada com o medicamento antimalárico pirimetamina para tratar a toxoplasmose em animais de sangue quente. Os comportamentos no trabalho e os resultados da investigação dos medicamentos SN (140) (SMZ (141) e SDZ (142)) são examinados neste estudo. Os tópicos abordados são a toxicidade ambiental do SN, a toxicidade do medicamento SN, a atividade antibacteriana do medicamento SN e a estrutura do medicamento SN. Fig. **25** [99].

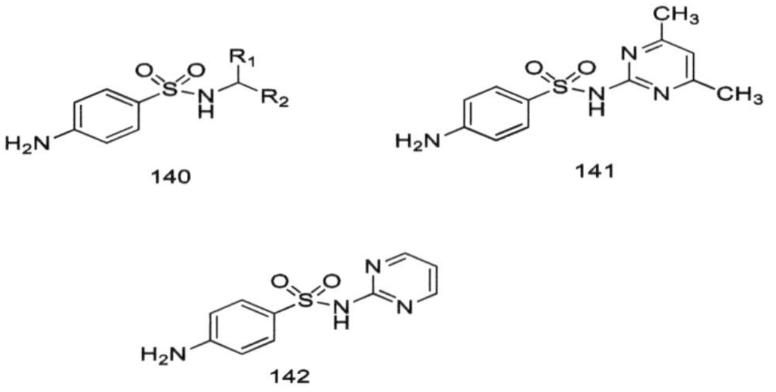

Fig. **25** generic tetiary sulfonamide

Foram criadas novas sulfonamidas. As propriedades antibacterianas dos compostos produzidos foram avaliadas in vitro contra estirpes bacterianas gram (+) e gram (-) que são clinicamente significativas, incluindo S. aureus, B. subtilis, E. coli e K. pneumoniae. Utilizando medidas de zona de inibição (mm) e valores de CIM (g/mL), a atividade antibacteriana foi determinada. De todos os compostos examinados, descobriu-se que os compostos (143) e (144) foram os mais eficazes contra E. coli, com valores de zona de inibição de 31 ± 0,12 mm (CIM: 7,81 g/mL) e 30 ± 0,12 mm (CIM: 7,81 g/mL), respetivamente. Estes valores são quase idênticos à zona de inibição da ciprofloxacina, que é de 32 ± 0,12 mm. Pelo contrário, nenhuma das substâncias teve qualquer efeito sobre o gram-positivo B. subtilis. Fig. **26** [100].

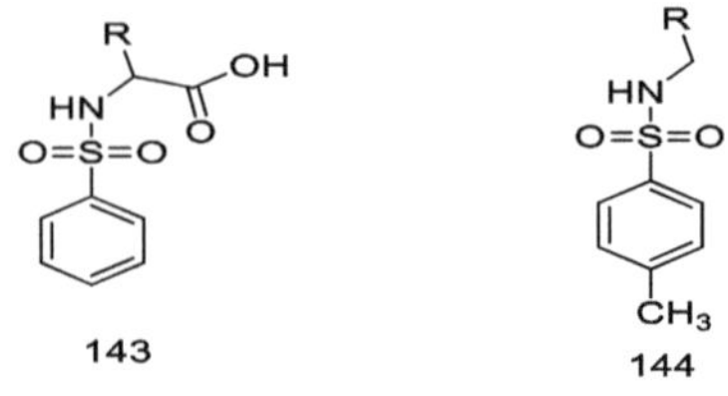

Fig. 26 sulfonamide

Através da sulfonilação de uma amina primária ou secundária na presença de uma base através de um processo de substituição nucleofílica, foram criados novos derivados de sulfonamida. Os compostos preparados foram testados contra estirpes patogénicas de fungos (A. flavous e A. nyger) e bactérias (S. aureus e E. coli). Os resultados foram comparados com os medicamentos antifúngicos e bacterianos básicos disponíveis no mercado, o isoconazol e o sulfametoxazol. O composto (146) mostrou uma boa ação contra S. aurues e E. coli, com concentrações inibitórias mínimas de 1,5 µg/mL e 2,0 µg/mL, respetivamente. A atividade antifúngica de (145) foi a mais elevada, com zonas de inibição contra A. flavous e A. nyger medindo 27,2+0,12 mm (CIM: 5,25 µg/mL) e 18,1+0,12 mm (CIM: 12,5 µg/mL), respetivamente. A atividade antioxidante in vitro dos compostos sintetizados também foi avaliada utilizando DDPH. A uma concentração de 6 mM, um produto químico (145) de todos os outros mostrou uma ação potencial, exibindo 15,60% de atividade antioxidante. Fig. **27** [101].

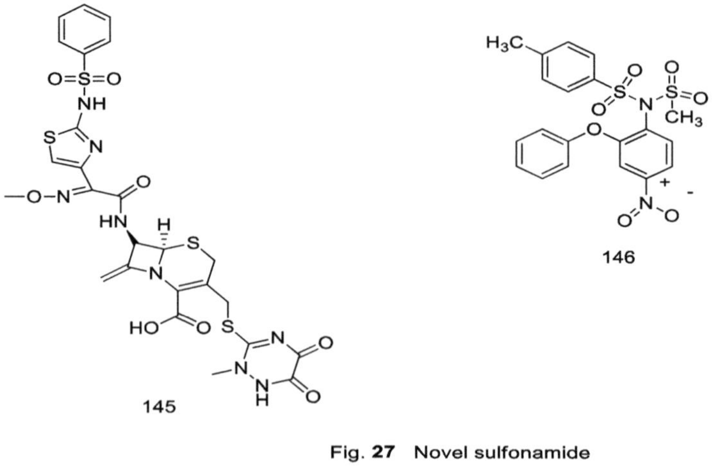

Fig. **27** Novel sulfonamide

Referências

1. Brown GM. The Biosynthesis of Pteridines. Avanços em Enzimologia e áreas afins da Biologia Molecular. 1971, 35: 35-77.

2. Massah AR, Adibi H, Khodarahmi R, Abiri R, Majnooni MB, et al. Síntese, actividades antibacterianas in vitro e inibidoras da anidrase carbónica II de N-acilsulfonamidas utilizando ácido sulfúrico de sílica como catalisador eficiente em condições heterogéneas e sem solventes. Bioorganic Medicinal Chemistry. 2008, 16: 5465-5472.

3. Casini J, Antel F, Abbate A, Scozzafava S, David H, et al. Identificação de 3, 4-Dihidroisoquinolina-2 (*1H*)-sulfonamidas como Potentes Inibidores da Anidrase Carbónica: Síntese, avaliação biológica e estudos de raios X de enzima-ligante. Bioorganic Medicinal Chemistry Letters. 2003, 13: 841-845.

4. Thiry A, Dogne JM, Supuran CT, Masereel B Atual Pharmaceutical Design. 2008, 14: 661-671.

5. Gitto R, Agnello S, Ferro S, De Luca L, Vullo D, et al. Química Medicinal. 2010, 53: 2401-2408.

6. Supuran CT, Casini A, Scozzafava A Inibidores da protease do tipo sulfonamida: agentes anticancerígenos, anti-inflamatórios e antivirais. Medicinal Research Reviews. 2003, 23: 535-558.

7. Cheng XC, Wang Q, Fang H, Xu WF (2008) Papel do grupo sulfonamida na inibidores da metaloproteinase da matriz. Química Medicinal Atual. 2008, 15: 368-373.

8. Kuang R, Epp JB, Ruan S, Yu H, Huang P, et al. (1999) Potencial terapêutico das sulfamidas como inibidores enzimáticos. Sociedade Americana de Química. 1999, 121: 8128-8129.

9. Groutas WC, He S, Kuang R, Ruan S, Tu J, et al. Bioorganic Medicinal Chemistry. 2001, 9: 1543-1548.

10. Zhong J, Gan X, Alliston KR, Lai Z, Yu H, et al. Comb Chem . 2004, 6: 556-563.

11. Winum JY, Scozzafava A, Montero JL, Supuran CT Medicinal Research Reviews. 2006, 26, 767-792.

12. Maren T. H. Carbonic anhydrase: Chemistry, physiology, and inhibition. Physiological Reviews. 1967, 47, 595-781.

13. Supuran CT, Innocenti A, Mastrolorenzo A, Scozzafava A Antiviral derivados de sulfonamida. Mini-Revistas em Química Medicinal. 2004, 4, 189-200.

14. Markgrem PO, Schaal W, Hamalainem M, Karlen A, Hallberg A, et al. Relationships between structure and interaction kinetics for HIV-1 protease inhibitors. Journal of Medicinal Chemistry. 2002, 2, 5430-5439.

15. Stranix BR, Sauvé G, Bouzide A, Coté A, Sévigny JY, et al. Lysine sulfonamidas como novos inibidores da protease do VIH: Ureias distribuídas em *N-epsilon*.
Cartas de Química Medicinal Bioorgânica. 2004, 14, 3971-3974.

16. Crespo R, De Bravo MG, Colinas PA, Bravo RD. Antitumorais in vitro atividade das N-glicosil sulfonamidas. Bioorganic Medicinal Chemistry Letters. 2010, 20, 6469-6474.

17. Brown SD, Traczewski MM. Síntese e atividade antibacteriana de sulfonamidas. Estudos SAR e DFT. Jornal de Quimioterapia Antimicrobiana. 2005, 55, 944-949.

18. Supuran CT, Scozzafava A. Applications of carbonic anhydride inhibitors and activators in therapy. Parecer de peritos sobre patentes terapêuticas. 2002, 12, 217-242.

19. Supuran CT, Scozzafava A. Carbonic Anhydrase Inhibitors. Atual Química Medicinal - Imunologia Endócrina e Metabólica. 2001, 1, 61-97.

20. Supuran CT, Scozzafava A. Inibidores da anidrase carbónica e seus potencial terapêutico. Parecer de peritos sobre patentes terapêuticas. 2000, 10, 575.

21. Das B, Reddy VS, Reddy MR (2004) Uma tosilação eficiente e selectiva de álcoois com ácido p-toluenossulfónico. Tetrahedron Letters. 2004, 45, 6717-6719.

22. Chohan ZH, Hazoor A. Shad S. Elucidação estrutural e biológica de importância das sulfonamidas derivadas do 2-hidroxi-1-naftaldeído e das suas quelatos metálicos de transição d de primeira linha. Journal of Enzyme Inhibition and Medicinal Chemistry. 2008, 23, 369-379.

23. Chohan ZH, Hazoor AS, Faiz-ul-Hassan N. Síntese, caraterização e propriedades biológicas de compostos derivados de sulfonamidas e seus complexos de metais de transição. Química organometálica aplicada. 2009, 23: 319-328.

24. Chohan ZH, Hazoor AS, Moulay H, Youssoufi Y, Hadda TB. Some new biologically active metal-based Sulfonamide. Jornal Europeu de Química Medicinal. 2010, 45, 2893-2901.

25. Chohan ZH, Hazoor AS. Compostos derivados de sulfonamidas e seus complexos de metais de transição: síntese, avaliação biológica e estrutura de raios X de 4-bromo-2-[(E)-{4-[(3,4-dimetilisoxazol-5-il)sulfamoil]fenil} iminiometil] fenolato. Applied Organometallic Chemistry. 2011, 25, 591-600.

26. Caddick S, Wilden JD, Judd DB. Síntese direta de sulfonamidas e ésteres de sulfonato activados a partir de ácidos sulfónicos. Journal of Organic Chemistry. 2004, 126: 1024-1042.

27. Vullo D., De Luca V., Scozzafava A., Carginale V., Rossi M., Supuran CT., Capasso C.: A anidrase extremo-α-carbónica do termófilo
A bactéria Sulfurihydrogenibium azorense é altamente inibida por sulfonamidas.

Bioorg. & Med. Chem., 2013, 21, 4521

28. Wilson C. O., Gisvold O., Block J. H.: Wilson and Gisvold's Textbook of Organic Medicinal and Pharmaceutical Chemistry, 11ª ed., Block J., Beale J. M., Eds., Lippincott Williams and Wilkins: Philadelphia, 2004. science628 - nr 7/2014 - tom 68

29. Levin J. I., Chen J. M., Du M. T., Nelson F. C., Killar L. M., Skala S., Sung A., Jin G., Cowling R., Barone D., March C. J., Mohler K. M., Black R. A., Skotnicki J. S.: Inibidores de TACE do tipo antranilato sulfonamida hidroxamato. Parte 2: SAR do grupo acetilénico P1'. Bioorg. & Med. Chem. Lett. 2002, 12, 1199.

30. Kim D.-K., Lee J. Y., Lee N., Ryu D. H., Kim J.-S., Lee S., Choi J.-Y., Ryu J.-H., Kim N.-H., Im G.-J., Choi W.-S., Kim T.-K.: Síntese e atividade inibidora da fosfodiesterase de novos análogos do sildenafil contendo um grupo ácido carboxílico na fração 5'-sulfonamida de um anel fenílico. Bioorg. & Med. Chem. 2001, 9, 3013.

31. Hu B., Ellingboe J., Han S., Largis E., Lim K., Malamas M., Mulvey R., Niu C., Oliphant A., Pelletier J., Singanallore T., Sum F.-W., Tillett J., Wong V. Novel(4-Piperidin-1-yl)-phenyl Sulfonamides as Potent and Selective Human b3 Agonists. Bioorg. & Med. Chem. 2001, 8, 2045.

32. Ma T., Fuld A.D., Rigas J.R., Hagey A.E., Gordon G.B., Dmitrovsky E., Dragnev K.H. A . Phase I Trial and in vitro Studies Combining ABT-751 with Carboplatin in Previously Treated Non-Small Cell Lung Cancer Patients. Chemotherapy. 2012, 58, 321.

33. Dekker M.: In Protease Inhibitors in AIDS Therapy, Ed.: Ogden R. C., Flexner C. W.: New York, NY, Basel 2001.

34. Roush W. R., Gwaltney S. L., Cheng J., Scheidt K. A., McKerrow J. H., Hansell E.: Vinyl Sulfonate Esters and Vinyl Sulfonamides: Inibidores Potentes e Irreversíveis de Cisteína Proteases. J. Am. Chem. Soc. 1998, 120, 10994.

35. Lawrence H. R., Kazi A., Luo Y., Kendig R., Ge Y., Jain S., Daniel K., Santiago D, Guida W. C., Sebti S. M.: Síntese e avaliação biológica de análogos da naftoquinona como uma nova classe de inibidores do proteassoma. Bioorg. & Med. Chem. 2010, 18, 5576.

36. Fujita T., Hansch C.: Análise da Relação Estrutura-Atividade do Fármacos de Sulfonamida Utilizando Constantes de Substituintes. J. Med. Chem. 1967, 10, 991.

37. Anand N, Sulfonamides and Sulfons. Em Wolff M E (ed.). Burger's Medicinal Chemistry, Vol 2, 5th ed, Nova Iorque, Wiley- Interscience, 1996, Capítulo 33.

38. Abdulhakeem Alsughayer, Abdel-Zaher A Elassar, Seham Mustafa, Fakhreia Al Sagheer: Synthesis, Structure Analysis and Antibacterial Activity of New Potent Sulfonamide Derivatives. J. Biomaterials and Nanobiotechnology. 2011, 2, 144.

39. Ozbek N., Katircioğlu H., Karacan N., Baykal T.: Síntese, caraterização e atividade antimicrobiana de nova sulfonamida alifática. Bioorg. & Med Chem. 2007, 15, 5105.

40. Eshghia H., Rahimizadeh M., Zokaei M., Eshghi S., Eshghi S., Faghihi Z., Tabasi Z. Kihanyan M.: Síntese e atividade antimicrobiana de algumas novas bissulfonamidas e dissulfuretos macrocíclicos. Eur. J. Chem. 2011, 2, 47.

41. Bahez Y. A., Srood O. Rashid. Síntese, caraterização e aplicação de um aduto sulfonamida-vitamina C sem metal para melhorar as propriedades ópticas do polímero PVA. Arabian Journal of Chemistry. 2022, 15, 104096.

42. Stephan P. B., Tarik K., Dieter S., Artis K. e Siegfried R. W.: Síntese eletroquímica sem metal de sulfonamidas diretamente a partir de (hetero)arenos, SO2 e aminas. Angew. Chem. Int. Ed. 2021, 60, 5056 -5062.

43. SAEED-UR-R., ALIA F., ROBILA N. SYNTHESIS, CHARACTERIZATION, THERMAL AND ANTIBACTERIAL STUDY OF A NOVEL SULFONAMIDE DERIVATIVE,N-[(E)-PYRIDIN-3-YLMETHYLIDENE]BENZENESULFONAMIDE, AND ITS CO(II), CU(II) AND ZN(II) COMPLEXES. J. Chil. Chem. Soc., 2013, 58.

44. Souad A., Djamila B. H., Yaser B., Amir B., Mustapha F. C. Projeto, Síntese e Caracterização de Novos Derivados de Sulfonamidas como Agente Anticâncer Visando EGFR TK, e Desenvolvimento de Novos Métodos de Síntese por Irradiação de Micro-ondas. Revista Internacional de Química Orgânica, 2021, 11, 199-223.

45. B. Nguyen, E.J. Emmett, M.C. Willis, J. Am. Chem. Soc. 132 (2010) 16372e16373.

46. Prakash C. Modern Trends in the Copper-Catalyzed Synthesis of Sulfonamides. doi.org/10.21203/rs.3.rs-2046804/v1

47. Lachlan J. N., Martyn C. H., Mohamed A. B. M., Andrew S. One-Pot Synthesis of Diaryl Sulfonamides using an Iron- and Copper-Catalyzed Aryl C-H Amidation Process. Synthesis. 2022, 54, 4551-4560.

48. Xuefeng W., Min Y., Yunyan K., Jin-Biao Liu,c X. F. e Jie W. Síntese catalisada por cobre de sulfonamidas a partir de nitroarenos através da inserção de dióxido de enxofre. Chem. Commun., 2020, 56, 3437-3440.

49. Daoshan Y., Hongxia L., Haijun Y, Hua F., Liming H., Yuyang J. e Yufen Z., Copper-Catalyzed Synthesis of 1,2,4-Benzothiadiazine 1,1-Dioxide Derivatives by Coupling of 2-Halobenzenesulfonamides with Amidines. Adv. Synth. Catal. 2009, 351, 1999 - 2004.

50. P. Scott P., David C. B., Gary M. C., Thomas K., David W. C. MacMillan. One-Pot Synthesis of Sulfonamides from Unactivated Acids and Amines via Aromatic Decarboxylative Halosulfonylation. J. Am. Chem. Soc. https://doi.org/10.1021/jacs.3c08218.

51. Mohamad R. S., Azar M., Marjan F., Marine Sponge/CuO Nanocrystal: Um Catalisador Natural e Eficiente para a Síntese de Sulfonamidas. Jundishapur J Nat Pharm Prod. 2012; 7(4).

52. Kosuke Y., Keisuke M., Mizuki U., Yuki T., Masami K., Osamu O. Desassimetrização assimétrica sulfonilada catalisada por cobre de glicerol. Molecules 2022, 27, 9025.

53. Murat I., Cihangir T., Mono-N-piridilação selectiva catalisada por Cu: Acesso Direto a 2-AminoDMAP/Sulfonamidas como Organocatalisadores Bifuncionais. J. Org. Chem. 2013, 78, 1604-1611.

54. Zi-Biao Z., Lei S., Fan-Jie M., Yaming L., Yong-Gui Z. Síntese de sulfonamidas cíclicas quirais de sete membros através de arilação catalisada por paládio de iminas cíclicas. Org. Chem. Front., 2019, 6, 1572.

55. Valentin A. R., Mirko S., Anastasiia A. K., Armin de M., Victor V. S., Synthesis of benzannelated sultams by intramolecular Pd-catalyzed arylation of tertiary sulfonamides. Beilstein J. Org. Chem. 2017, 13, 1932-1939.

56. Yi H., Jesse P. W., Laura L. K. N-Acylsulfonamide Linker Activation by Alilação catalisada por Pd. Org. Lett., 2006, 8, 12.

57. Terry Shing-B. L., Scott W. B., Michael C. W., Cyclic Alkenylsulfonyl Fluorides: Síntese Catalisada por Paládio e Funcionalização de Reagentes Multifuncionais Compactos. Angew. Chem. 2019, 131, 19035 -19039.

58. Haibo Z., Yajing S., Qinyue D., Changyu H., Tao T. One-Pot Bimetallic Pd/Cu-Catalyzed Synthesis of Sulfonamides from Boronic Acids, DABSO and O-Benzoyl Hydroxylamines. Chem. Asian J. 2017, 12, 706 - 712.

59. Xuefeng W.,Min Y., Shengqing Y.,Yunyan K., Jie W., S(VI) in three-component sulfonamide synthesis: use of sulfuric chloride as a linchpin in palladiumcatalyzed Suzuki-Miyaura coupling. Chem. Sci., 2021, 12, 6437-6441.

60. Bastian J., Andreas M. D., Kathrin H., Harald K., Georg M. Reação assimétrica de três componentes catalisada por paládio entre ácido glioxílico, sulfonamidas e ácidos arilborónicos para a síntese de derivados de α-arilglicina. DOI 10.3389/fchem.2023.1165618.

61. Nicholas B., Ariana L. T., Ismerai R., Pd-Catalyzed Conversion of Aryl Iodides to Sulfonyl Fluorides Using SO2 Surrogate DABSO and Selectfluor. J. Org. Chem. 2017, 82, 2294-2299.

62. Quan-Q., Z., e Xiao-Q. H. Avanços recentes na síntese catalítica de benzosultams. Molecules. 2020, 25, 4367.

63. Mohamed S. A. E., Yousry A. A., Mohamed I.H. E., Ahmed M. A., Modather F. H., Faraghally A. F. Sulfonamides: Síntese e Aplicações Recentes em Química Medicinal Egipto. J. Chem. 2020, 63, 12, 5289 - 5327 (2020).

64. Balakrishna M., Wan-Y. F., Jing L., Linxian L., Gao-Feng Z., Rakesh K.P., Hua-Li Q. Síntese altamente enantiosseletiva catalisada por Rh de fluoretos de sulfonil alifáticos. iScience 2019, 21, 695-705.

65. Xuting L., Xue G., Miao Z., Guoyong S., Jian D., Xingwei L. Olefinação oxidativa catalisada por Rh(III) de N-(1-naftil)sulfonamidas utilizando alcenos activados e não activados. Org. Lett., 2011, 13, 21, 5808-5811.

66. Andrew E. P., Michael J. L. Rhodium-Catalyzed Propargylic Substitution: A Divergent Approach to Propargylic and Allenyl Sulfonamides. Angew. Chem. Int. Ed. 2006, 45, 4970 -4972.

67. Xiaolei H., Jingsong Y. Amidação C(sp3)H catalisada por Ródio(III) de 8-Metilquinolinas com Amidas à Temperatura Ambiente. Chem. Lett. 2015, 44, 1685-1687.

68. Zhi L., Abdolghaffar E., Mohsen T., Nihat M., Esmail V. Sulfonamidação direta de ligações C-H (hetero) aromáticas com azidas sulfonílicas: uma rota nova e eficiente para N- (hetero) aril sulfonamidas. RSC Adv., 2020, 10, 37299.

69. Małgorzata G., Mateusz K., Joanna D., Katarzyna K., Mariusz M., Sulfonamides with hydroxyphenyl moiety: Síntese, estrutura, propriedades físico-químicas e capacidade de formar complexos com o ião Rh(III). Polyhedron, 2022, 221, 115865.

70. W. Zhang, J. Xie, B. Rao, M. Luo, J. Org. Chem. 2015, 80 3504e3511.

71. C. Pan, A. Abdukader, J. Han, Y. Cheng, C. Zhu, Chem. Eur J. 2014, 20 3606e3609.

72. Q.Z. Zheng, Y.F. Liang, C. Qin, N. Jiao, Chem. Commun. 2013, 49 5654e5656.

73. Bagi CM. Sessão de resumo sobre metástases de células cancerosas. J Musculoskelet NEURONAL Interact 2002; 2(6): 579-80.

74. Hafez HN, El-Gazzar A-RBA Síntese e atividade antitumoral de triazolo [4, 3-a] pirimidina-6-sulfonamida substituída com uma porção de tiazolidinona incorporada. Bioorg Med Chem Lett 2009; 19(15): 4143-7.

75. Mostafa M. G., , Mansour S. A., Mohamed S. A., Yassin M. N., Sabry M. A., Conceção, síntese e atividade anticancerígena de algumas novas tioureido-benzenossulfonamidas incorporadas em moléculas biologicamente activas. Revista Central de Química.2016, 10:19.

76. Samir M. A., Mahmoud M. Y., Naglaa M. A., PROJETO, SÍNTESE E AVALIAÇÃO BIOLÓGICA DE NOVOS ISÓSTEROS DE 2-THIOURACIL-5-SULFONAMIDA COMO AGENTES ANTICANCER. Farmacóforo, 2018, 9(3), 13-24.

77. Akira Y., Junro K., Takatoshi K., Takeshi N., Naoko H., S. Kentaro Y., Hiroshi Y., Takashi O., Profiling Novel Sulfonamide Antitumor Agents with Cell-based Phenotypic

Screens and Array-based Gene Expression Analysis. Molecular Cancer Therapeutics. 2002, 1, 275-286.

78. Mina M., Afshin Z., Sedighe S., Parisa T., Mojdeh T., Orkideh D., Hojjat S., a. Síntese e avaliação citotóxica de alguns novos derivados de sulfonamida contra algumas células cancerígenas humanas. Jornal Iraniano de Investigação Farmacêutica. 2011, 10 (4): 741-748.

79. Muhammad D., Muhammad A., R., Hirra K., Umara I., Muhammad N., A. Novos complexos metálicos de sulfonamida: Síntese, caraterização, estudos in-vitro anticancerígenos, anticolinesterase, antioxidantes e antibacterianos. Appl Organomet. Chem. 2021;35:e6033.

80. Souad A., Djamila B., H., Yaser B., Amir B., Mustapha F., C. Conceção, síntese e caraterização de novos derivados de sulfonamidas como agente anticancerígeno visando EGFR TK, e desenvolvimento de novos métodos de síntese por irradiação de micro-ondas. Jornal Internacional de Química Orgânica, 2021, 11, 199-223.

81. Ahmad P. S. B., Farzane V., Mahbobeh F., Mohammad H. N. E., Ahmad R. M. Synthesis and Anticancer Activity Assay of Novel Chalcone-Sulfonamide Derivatives. Jornal Iraniano de Pesquisa Farmacêutica. 2017, 16 (2): 565-568.

82. Danuta B., Zbigniew K., Ewa W., Waldemar W., Maja M., Zofia U. L., , Anna B., Krzysztof B. 1,2,4-Triazine Sulfonamides: Síntese por Intermediários de Sulfenamida, Triagem Anticâncer In Vitro, Caracterização Estrutural e Estudo de Docagem Molecular. Molecules 2020, 25, 2324.

83. Muhammad T., Foziah J. A., Fazal R., El Hassane A., Nizam U., Sridevi C.m, Noor B. A., Rai K. F., Naveed I., Maha A., Vijayan V., Khalid M. K. Síntese, caraterização, avaliação biológica e estudo cinético de derivados de sulfonamida de base indol como inibidores da acetilcolinesterase em busca de um potente agente anti-Alzheimer. Jornal da Universidade Rei Saud - Ciência 2021, 33 101401.

84. Suleyman A., Mehmet B., Nabih L., Muhammed T., Rajesh KKS, Projeto, síntese e avaliação biológica de sulfonamidas substituídas por 1,3-diariltriazeno como antioxidante, inibidores da acetilcolinesterase e butirilcolinesterase. Sociedade Química Turca, 2019; 6(1):63-70.

85. Nihal G., Akın A., Edanur E. B., Hülya A., Namık K., Süleyman G. Synthesis of novel sulfonamides with anti-Alzheimer and antioxidant capacities. Archiv der Pharmazie. DOI: 10.1002/ardp.202000496.

86. Ning L., Yan W., Wensheng L., Haiyan L., Liu Y., Jun W., Hazem A. M., Ahmed B. M. M., Dareen A. J., Eman Y. S., Ibrahim H. E. Triagem de alguns derivados de sulfonamida e sulfonilureia como agentes anti-Alzheimer visando BACE1 e PPARγ. Journal of Chemistry, 2020, https://doi.org/10.1155/2020/1631243.

87. Seema B., Rekha T., Abha S., Hyejin C., Hana R., Weihong Z., Harry L., Béla T., Marianna T. Sulfonamides as multifunctional agents for Alzheimer's disease. Med. Chem. Lett. 2015, 25, 626-630.

88. Imen D., Paul J. B., Diana P., Alexey S., Maciej M., Bernard R., Arnaud B., Raphaël C., Krzysztof J., Fakher C., Isabel I., Helene M., José M., Lhassane I. Exploring the Potential of Sulfonamide-Dihydropyridine Hybrids as Multitargeted Ligands for Alzheimer's Disease Treatment. Int. J. Mol. Sci. 2023, 24, 9742.

89. Márcia M., d., Marina C., A., Thaís C., R., Ana E., G., Alex R., M., Anacleto S., de S. Leonardo L. G. F., Adriano D. A., Rosendo A. Y., Aldo S. d. Structure-activity relationships of sulfonamides derived from carvacrol and their potential for the treatment of Alzheimer's disease. RSC Med. Chem., 2020, 11, 307.

90. Jae E. K., Jung K. C., Marcus J. C., Hyung W. R., Jin H. K., Hye J. K., Heung J. Y., Dae W. K., Ki Hun P. Avaliação inibitória de chalconas sulfonamidas em β-secretase e acilcolinesterase. Moléculas 2013, 18, 140-153.

91. Fausto Q., Sonia C., Karolina G., João D. M., Sandra M. C., Sílvia C., Luca P., M. A. S. Novel Donepezil-Arylsulfonamide Hybrids as Multitarget-Directed Ligands for Potential Treatment of Alzheimer's Disease. Molecules 2021, 26, 1658.

92. Aziz-ur-R., Sumbel A., Muhammad A. A., Wajeeha T., Khalid M. K., Muhammad A., Irshad A., Iftikhar A., Nida A. Síntese, caraterização e rastreio biológico de sulfonamidas derivadas da 2-feniletilamina. Pak. J. Pharm. Sci., 2012, 25, 4, 809-814.

93. Neeraj M., Satya P. G., Ratan L. K. Estudos sobre Modificação Química e Biologia de Análogos de Sulfonamida como Agentes Anti-Alzheimer Neuroprotetores. Der Pharma Chemica, 2018, 10(2): 107-113.

94. Cássio C. L., Darlisson S. N. S., Ézio R. A. d., Análise Computacional de Compostos à Base de Sulfonamida por Docking Molecular e ADME/T na Inibição da Acetilcolinesterase (AChE) na Doença de Alzhaimer. Library Journal 2022, 9, e8469.

95. Kübra D. Y., Fatıma N. Y., Berna b. O., Ozlen G. A. Avaliação de alguns derivados de o-benzenedisulfonimido-sulfonamida como potentes agentes antimicrobianos. Istanbul J Pharm 2022, 52 (3), 297-301.

96. Charalabos C., Athina G., Ana C., Marina S., Panagiotis Z., Maria Z. Sulfonamide-1,2,4-thiadiazole Derivatives as Antifungal and Antibacterial Agents: Síntese, Avaliação Biológica, Lipofilicidade e Estudos Conformacionais. Chem. Pharm. Bull. 2010, 58(2) 160-167.

97. Yeliz G., Res¸it Ö., Yunus B. Antimicrobial activity of some sulfonamide derivatives on clinical isolates of Staphylococus aureus. Anais de Microbiologia Clínica e Antimicrobianos 2008, 7:17.

98. TAMARA T., ANDREEA E. B., ADRIANA H., SÎNZIANA G. C., LUMINIȚA O. REVISITANDO AS SULFONAMIDAS TERAPÊUTICAS NA TENTATIVA DE

MELHORAR AS PROPRIEDADES ANTIMICROBIANAS ATRAVÉS DA COORDENAÇÃO METAL-ÍON. FARMACIA, 2019, 67, 5.

99. Aben O., Jhimli B. Sulfonamide drugs: structure, antibacterial property, toxicity, and biophysical interactions. Biophysical Reviews. 2021, 13, 259-272.

100. Muhammad A. Q., Mahmood A., Muhammad I. Síntese, Caracterização e Actividades Antibacterianas de Novas Sulfonamidas Derivadas da Condensação de Fármacos Contendo Grupos Amino, Aminoácidos e seus Análogos. BioMed Research International
2015, http://dx.doi.org/10.1155/2015/938486.

101. Hajira R., Dr. Abdul Q., Zulfiqar A., Shahid N., Asmat Z., Tanzeela G., Shahzady. SÍNTESE E CARACTERIZAÇÃO DE NOVOS DERIVADOS DE SULFONAMIDAS E SUA AVALIAÇÃO ANTIMICROBIANA, ANTIOXIDANTE E CITOTOXICIDADE. Bull. Chem. Soc. Ethiop. 2017, 31(3), 491-498.

Printed by Books on Demand GmbH, Norderstedt / Germany